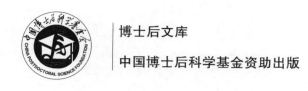

博士后文库

中国博士后科学基金资助出版

村域发展机理与资源环境效应

——不同类型地区的案例研究

李裕瑞　著

中国博士后科学基金一类资助项目　（2011M500029）
中国博士后科学基金特别资助项目　（2012T50126）
国家自然科学基金青年科学基金项目（41201176）　联合资助
国家自然科学基金重点基金项目　　（41130748）

U0313604

科　学　出　版　社

北　京

内 容 简 介

本书是作者近年在我国不同类型地区典型村镇开展调查研究的阶段性成果总结，意在着力探讨村域发展过程及其机理、村庄综合整治与资源优化配置、乡村发展政策评估的相关理论与实践问题。主要内容包括：我国村域发展与建设的多尺度时空格局特征、黄淮海典型地区村域转型发展的特征与机理、大城市郊区村域转型发展的资源环境效应与优化调控研究、参与式空心村土地综合整治的机理与效应研究、西部山地丘陵区宏观政策转型的地方响应与效应。本书以地理学经典的"格局–过程–机理–效应"为研究主线，注重发挥多学科交叉、多要素集成、多案例融合的优势。资料翔实、层次清晰、观点鲜明、分析透彻。可为乡村产业发展、生态环境治理、土地综合整治、发展政策创新等提供参考依据。

本书可供从事人文经济地理、农村发展、资源科学、管理科学等专业的大专院校师生、科研人员和关注农村发展的相关人员及实践工作者参考。

图书在版编目(CIP)数据

村域发展机理与资源环境效应：不同类型地区的案例研究 / 李裕瑞著.
—北京：科学出版社，2016.9
（博士后文库）
ISBN 978-7-03-049358-3

I. ①村… II. ①李… III. ①农村经济-经济发展-研究-中国②农业资源-研究-中国③农业环境-环境效应-研究-中国 IV. ①F323②X322.2

中国版本图书馆 CIP 数据核字（2016）第 159967 号

责任编辑：朱海燕　丁传标 / 责任校对：何艳萍
责任印制：张　伟 / 封面设计：陈　敬

科学出版社 出版
北京东黄城根北街 16 号
邮政编码：100717
http://www.sciencep.com

北京建宏印刷有限公司 印刷
科学出版社发行　各地新华书店经销
*

2016 年 9 月第 一 版　开本：B5(720×1000)
2018 年 4 月第三次印刷　印张：10 1/4　插页：1
字数：189 000
定价：58.00 元
（如有印装质量问题，我社负责调换）

《博士后文库》序言

　　博士后制度已有一百多年的历史。世界上普遍认为，博士后研究经历不仅是博士们在取得博士学位后找到理想工作前的过渡阶段，而且也被看成是未来科学家职业生涯中必要的准备阶段。中国的博士后制度虽然起步晚，但已形成独具特色和相对独立、完善的人才培养和使用机制，成为造就高水平人才的重要途径，它已经并将继续为推进中国的科技教育事业和经济发展发挥越来越重要的作用。

　　中国博士后制度实施之初，国家就设立了博士后科学基金，专门资助博士后研究人员开展创新探索。与其他基金主要资助"项目"不同，博士后科学基金的资助目标是"人"，也就是通过评价博士后研究人员的创新能力给予基金资助。博士后科学基金针对博士后研究人员处于科研创新"黄金时期"的成长特点，通过竞争申请、独立使用基金，使博士后研究人员树立科研自信心，塑造独立科研人格。经过30年的发展，截至2015年年底，博士后科学基金资助总额约26.5亿元人民币，资助博士后研究人员5万3千余人，约占博士后招收人数的1/3。截至2014年年底，在我国具有博士后经历的院士中，博士后科学基金资助获得者占72.5%。博士后科学基金已成为激发博士后研究人员成才的一颗"金种子"。

　　在博士后科学基金的资助下，博士后研究人员取得了众多前沿的科研成果。将这些科研成果出版成书，既是对博士后研究人员创新能力的肯定，也可以激发在站博士后研究人员开展创新研究的热情，同时也可以使博士后科研成果在更广范围内传播，更好地为社会所利用，进一步提高博士后科学基金的资助效益。

　　中国博士后科学基金会从2013年起实施博士后优秀学术专著出版资助工作。经专家评审，评选出博士后优秀学术著作，中国博士后科学基金会资助出版费用。专著由科学出版社出版，统一命名为《博士后文库》。

　　资助出版工作是中国博士后科学基金会"十二五"期间进行基金资助改革的一项重要举措，虽然刚刚起步，但是我们对它寄予厚望。希望通过这项工作，使博士后研究人员的创新成果能够更好地服务于国家创新驱动发展战略，服务于创新型国家的建设，也希望更多的博士后研究人员借助这颗"金种子"迅速成长为国家需要的创新型、复合型、战略型人才。

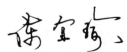

中国博士后科学基金会理事长

前　　言

改革开放以来，我国农业农村发展取得了举世瞩目的成绩。农业生产屡攀新高，温饱问题得到根本解决；农民收入持续增长，生活水平不断提高；农村建设日新月异，村容村貌大为改观。许多地区的乡村进入了转型发展的新阶段，涌现出一批"生产发展、生活宽裕、乡风文明、村容整洁、管理民主"的新农村。但是，也有很多乡村仍旧面临农业基础薄弱、乡村发展滞后、农民增收困难、资源配置效率不高、社区环境有待改善等问题。由于生产要素的过度非农化、生产主体的过早老弱化、乡村环境的严重污损化、村庄聚落的快速空心化，部分乡村地域系统甚至出现退化型演化，"乡村病"日益严重。面对乡村系统发展演化的巨大差异，特别是落后型乡村的举步维艰、发达型乡村的赢者通吃，有必要深入探讨不同类型地区乡村系统发展的过程、机理、效应，破解"马太效应""路径依赖"，寻求转型创新与可持续发展的途径。

针对快速工业化、城镇化进程中乡村发展出现的诸多问题，党中央、国务院高度重视并先后出台了一系列整体性、区域性政策，不断完善城乡发展的体制机制。例如，以提高农民种粮积极性为主要目的的粮食生产补贴政策、以减轻农民负担增加农民收入为主要目的的农业生产税费减免政策、扎实推进社会主义新农村建设的重大举措，以及以加强西部地区生态建设和促进西部地区经济发展为主导目标的西部大开发战略、以建立国家重要粮食生产基地为目标之一的中部崛起战略，而 2003 年以来的中央"一号文件"也都持续关注农业农村发展的重大问题。这些政策措施的相继出台和相关体制机制的逐步完善昭示着我国乡村发展政策转型进入新阶段。但其落实情况、政策效果如何，需要开展综合研究予以评判。

村域是农村社会经济活动的重要载体和基本单元，承载着农村家庭联产、乡村企业生产、农民日常生活、农村社区发展等诸多农村居民的生产、生活行为，具有生活性、生产性和生态性的综合特征。村域发展是在一定的村镇空间结构体系下，村域系统农业生产发展、经济稳定增长、社会和谐进步、环境不断改善、文化接续传承的良性演进过程。即便 2030 年中国的城镇化水平能达到 65%，由于庞大的人口基数，仍将有 5 亿~6 亿人生活在农村，而村域仍将是其最主要的聚居地。同时，由于地域范围巨大、人口数量众多，村域的稳定和发展关系到城乡大系统的稳定和发展。若将我国的社会经济系统比喻为"躯体"，村域则是其

"细胞"，如果大量"细胞"生长不好，"躯体"亦难以健康。可以说，村域是解决中国"三农"问题的主战场、社会主义新农村建设的主阵地。

村域是我国农业农村发展和历史文化积淀的一面"镜子"。中国经济社会发展的基石在农村，农村发展的关键在村域。无论是从经济有序运行的角度还是从社会和谐稳定的角度，村域均是对区域农村进行理论和实证研究的重要尺度、关键位点。地理学有服务于农业和乡村发展的传统和优势。基于乡村地理学视角，集成相关学科的理论与方法，探讨村域发展过程及其机理、乡村资源优化配置与环境综合整治、乡村政策评估，进而认识和揭示区域乡村发展的一般规律，可为统筹城乡发展和建设美丽乡村提供支撑，具有重要的理论和现实意义。

本书基于在我国欠发达平原农区、大城市郊区、西部山地丘陵区等不同类型地区典型村域开展的实地调查和案例分析，凝练了四个各有侧重而又相互联系的问题进行整合分析，着力研究村域发展过程及其机理、乡村环境综合整治与资源优化配置、乡村政策评估。主要研究内容包括：基于对黄淮海平原3个典型县区内5个代表性村域在过去30年的发展历程、影响因素、共性特征的系统考察，探讨传统农区农业型村域转型发展的过程特征与内在机理；基于村域转型发展及其资源环境效应的理论分析，以地处北京郊区的北村为例，剖析大城市郊区典型村域的资源环境效应及其优化调控过程、特征与内在机理；以黄淮海平原农区内河南省郸城县的赤村和王村为例，基于座谈、访谈和问卷调查资料，深入剖析其空心村整治的过程、机理、效果、适应性和障碍点；以川南山地丘陵区典型村域为例，基于近5年的跟踪调查研究，着重探讨西部大开发政策、退耕还林政策、农业生产支持政策及新农村建设战略的地方响应与效应；结合案例研究，整合探讨新时期乡村自我发展机制、城乡反哺互动机制、和谐公平机制，旨在为健全城乡发展一体化体制机制提供参考，为深化乡村地理学的微观研究贡献绵薄之力。相关研究成果对于乡村产业发展、生态环境治理、土地综合整治、乡村政策创新具有启示意义和决策参考价值。

本书是一本面向国家城乡发展一体化和新型城镇化建设的战略需求，从乡村地域的最小尺度单元村域来探讨乡村发展现实问题、理论问题、科学问题和战略问题的专著，是我自2008年到中国科学院地理科学与资源研究所攻读博士学位然后做博士后、留所工作这7年来从事土地利用与乡村发展研究取得成果的一个阶段性总结。在开展本书研究的初期，得到中国科学院地理科学与资源研究所区域农业与农村发展研究中心系列项目在外业调研、数据共享、课题研讨等方面的诸多支持，项目主要包括：我的导师刘彦随研究员主持的两项国家自然科学基金重点项目"我国东部沿海地区新农村建设模式与可持续发展途径研究"（40635029）和"中国城乡发展转型的资源环境效应及其优化调控研究：以环渤海地区为例"（41130748），以及我的副导师龙花楼研究员主持的国家自然科学基金面上项目"山东省乡村转型发展的地域类型及其动力机制研究"（41171149）。

在博士后研究工作期间，有幸申请到中国博士后科学基金一类资助项目"我国典型地区村域发展机理与模式研究"（2011M500029），项目取得初步进展时又得到中国博士后科学基金特别资助项目"黄淮海典型地区中心村镇发展的动力机制与优化模式研究"（2012T50126）及国家自然科学基金青年科学基金项目（41201176）的持续资助。这为本书研究的顺利开展提供了充足的经费，也大大增强了我继续深化开展村镇发展地理学综合研究的信心。借此，衷心感谢中国博士后科学基金会、国家自然科学基金委员会、中科院地理资源所区域农业与农村发展研究中心的大力支持与指导！

在项目调研过程中得到了北京市顺义区、山东省禹城市、河南省郸城县、四川省隆昌县等相关地方政府的大力支持，得到了当地村镇干部、村民的积极配合。地理资源所农业地理与乡村发展研究室的诸多师兄师姐、师弟师妹们深度参与调研并给予我大量帮助。在分析研究和总结成稿过程中得到陆大道先生、毛汉英先生、李宝田先生、赵令勋先生、郭焕成先生、樊杰研究员、方创琳研究员、刘卫东研究员、李小建教授、鲁奇研究员、张义丰研究员、李胜功研究员、何书金研究员、乔家君教授、朱晓华老师、赵歆老师、陈玉福老师、严茂超老师、房艳刚老师等经济地理、区域发展、乡村发展、土地利用、生态环境等领域专家学者的殷切指导。中科院博士后联谊会秘书长颜廷锐老师、所人事处毛永红老师、科研处韩瑛老师、农业室蔡伟老师等在课题研究、日常生活中给予了大量的指导、关心和帮助。特别感谢恩师刘彦随研究员和龙花楼研究员！我 2008 年即到刘老师和龙老师的团队攻读博士学位，2011 年博士毕业后继续在两位老师的指导下开展博士后研究工作，而博士后出站后又有幸留所继续在研究团队从事科研工作。两位老师在我的科学研究、论文写作、日常生活过程中给予了无微不至的关怀。尤其是在研究的选题、提纲的确定、思路的修正、文稿的审阅等方面，均倾注了大量心血。刘老师每次高屋建瓴、语重心长的谈话总能让我有持续不断的新的收获，在我迷茫之时激发我的信心和使命感，尤其让我愈加领悟到新时期如何从现实问题、科学问题、战略问题、工程技术问题等多层面扎实开展农业地理和乡村发展研究与思考。龙老师注重细节、深入探究、精益求精的治学作风亦让我受益匪浅。借此一并表示衷心的感谢！

在本书写作过程中，参考研阅了许多专家的论著和科研成果，并使用了大量的统计数据，书中在引用部分做了注明，但仍恐有遗漏之处，恳请海涵。由于乡村发展涉及乡村地域系统的方方面面，加之笔者学识有限，书中的不足之处在所难免，诚请同行专家学者提出宝贵的意见和建议！

　　作为刚进入乡村地理学领域数年的青年人，深感我国的乡村发展问题较多、差异明显、潜力巨大，社会各界也对乡村发展给予较高期望，期盼学界同行专家对乡村发展、乡村地理与土地利用研究予以更多的关注、支持和参与！也希望有更多的青年地理学者能进一步走进乡村、认识乡村、服务乡村。

李裕瑞

2015 年 9 月于奥运村

目　　录

第一章 绪 论

本章首先介绍相关研究背景，然后阐释基本概念、研究进展、理论基础，最后介绍本研究的主要内容、研究对象、研究方法及总体框架。

1.1 研究背景

1.1.1 乡村发展差异增大，协调发展呼声渐高

改革开放以来，中国农村发展成效斐然，整体发展水平明显提升，并涌现出了一大批经济发展快、社区建设好、生活品质高的明星村，如通过大力发展工业而致富的江苏省江阴市华西村、常熟市蒋巷村，依靠农村土地整理发展高效农业而起步的浙江省奉化市滕头村。在传统农区，河南临颍的南街村、山东乐陵的希森村等农业产业化典型村亦是闻名全国。但普遍而言，乡村发展的地区差异非常突出（Liu，2006；Long et al.，2010；Li et al.，2015），且仍在逐渐拉大（图1-1），而乡村发展较之于城镇发展的滞后性也有目共睹，按当年现价和1978年可比价计算的城乡居民收入比仍分别高达3.03和2.43（图1-2）。当前，我国仍有832个贫困县，12.8万个贫困村，贫困农户2948.5万户，贫困人口超过7000万。协调农村区域发展、统筹城乡发展的呼声越来越高。新世纪以来，党的十六届三中全会提出要统筹城乡发展和统筹区域发展，并将其放在了"五个统筹"最为突出的位置；十六届五中全会提出要扎实推进社会主义新农村建设；2003年以来的中央"一号文件"持续关注农业和农村发展；十八届三中全会提出要健全城乡发展一体化体制机制。这标志着我国农业和农村发展政策进入新的转型期。

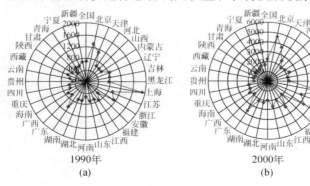

1990年
(a)

2000年
(b)

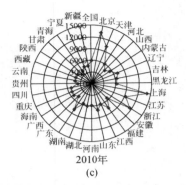

(c)

图 1-1　我国各省份农民人均纯收入（1990 年、2000 年和 2010 年）（单位：元）

注：1990 年、2000 年和 2010 年我国省区间农村人均纯收入的地区差异较大，变异系数分别为 40.09%、43.36% 和 42.24%；3 个年份中，最高值与最低值的比值持续保持在 4 倍以上。本图资料未包括港澳台，全书图表下同

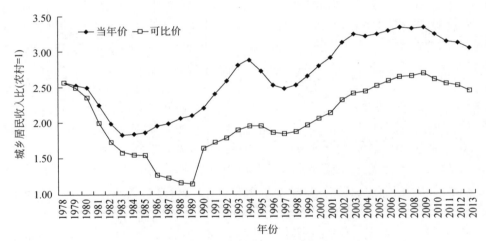

图 1-2　1978～2013 年中国城乡居民收入差距变化

数据来源：《中国统计年鉴》（历年）

政策转型对农业农村发展提供了新的机遇，也对乡村研究提出了迫切需求。乡村发展相对成功区域的发展经验是什么？面临哪些问题？今后如何持续发展？落后地区发展的主要约束条件是什么，实施哪些战略与政策才能实现发展转型？由于当前对农村区域经济发展的理念、动力机制、演化规律等基本理论问题的系统研究不足，对这些问题仍缺乏系统的回答。深入开展典型地区乡村发展机理的综合研究，系统总结成功的秘诀、全面剖析落后的原因，认识和了解区域乡村发展的影响因素与综合机制，有助于增进对中国农村运行机制的科学认识，进而为

地方实践提供参考。

1.1.2　资源环境压力骤增，亟须推进整治配置

工业化、城镇化是国家和区域发展的必经过程。通常，该社会经济过程所必需的劳动力、能矿资源、土地资源、环境容量大多由乡村地区提供。在我国特有的城乡二元体制下，多年来的快速工业化、城镇化进程中乡村地域更多的扮演着依附、付出的角色。广大乡村地区由于工业化、城镇化进程的快速推进而以致人地关系发生着剧烈变化。人口和劳动力是乡村发展的核心要素，近年乡村人口数量、人口结构、人口技能均发生着较大变化且存在明显的区域差异。许多地区的乡村出现了常住人口特别是青壮年劳动力的过量减少，人口空心化的问题日益突出（周祝平，2008；刘彦随等，2009a）。当前，农业户籍人口和农村常住人口的差值高达 2.46 亿人（图 1-3），人口流出大省河南、安徽、湖南和四川的差值均超过了 2000 万人（图 1-4）。人力资源支撑当地乡村社会经济发展的潜力和动力产生了明显的空间分异。人口空心化过程对农村的资源开发利用和环境保护治理带来新的机遇和挑战。

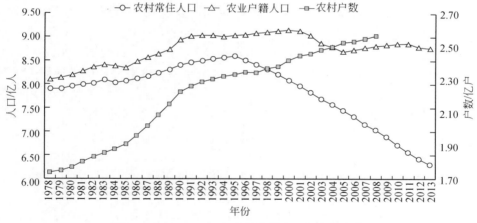

图 1-3　1978～2013 年中国农村人口与户数变化

数据来源：《中国统计年鉴》（历年）；《中国人口和就业统计年鉴》（历年）

在资源开发利用方面，"要地不要人"的城镇化进程中耕地快速、过速非农化成为普遍现象（刘纪远等，2009；曲福田和谭荣，2010），新增耕地主要来自西北绿洲和东北垦区（刘纪远等，2009；胡业翠等，2012），而新增粮食产量也主要来自北方生态脆弱区（刘彦随等，2009b）。此外，乡村常住人口和户籍人

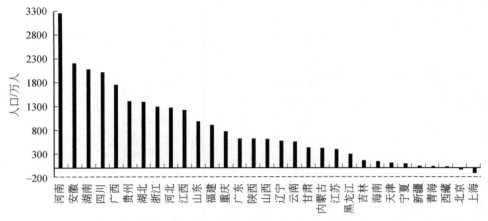

图1-4　各省份农村户籍人口与农村常住人口的差值（2013年）

数据来源：《中国人口和就业统计年鉴》（2014年）

口双减少对乡村资源配置特别是土地资源配置提出了新的要求、引发了新的难题，而针对性的政策措施尚未出台，以致农村土地管控机制难以适应新的城乡人地关系（龙花楼等，2009）。在环境保护治理方面，粗放型经济发展模式背景下，环境管理的法律法规不完善，其贯彻落实和执行也存在明显不足，农村环境基础设施建设也明显滞后，许多地区的农村生态环境日益突出，"癌症村"让公众"谈污色变"，一方水土难养一方人的问题越来越严重（刘彦随，2013；He et al.，2013；龚胜生和张涛，2013）。亟须开展城乡发展的资源环境效应研究，基于理论研究、案例分析，探讨城乡要素快速变化进程中的乡村的资源利用与配置、环境保护与整治，服务于宏观决策和地方实践，科学推进"美丽乡村""宜居乡村""幸福乡村"建设。

1.1.3　村域发展意义重大，相关研究仍待加强

中国的"三农"问题是世界上最典型的，全面建设小康社会最艰巨、最繁重的任务在农村（刘彦随，2007a）。村域是农村社会经济活动的重要载体，承载着农村家庭联产、乡村企业生产、农民日常生活、农村社区发展等诸多农村居民的生产、生活行为，其发展状况直接影响农户收入增长，决定村级组织运转效率、农村社区建设和公共服务水平以及村民的生活品质。若将我国的社会经济系统比喻为"躯体"，村域则是其"细胞"，如果大量"细胞"生长不好，"躯体"亦难以健康（表1-1）。

表 1-1　当前我国"国家—省—地—县（市）—乡镇—村域"的层级数量特征

层级体系	数量	备注
国家	1	
省级区划数	34	包括港澳台
地级区划数	333	其中，地级市 286 个
县（市）级区划数	2853	其中，县级市、县、自治县 1927 个
乡镇级区划数	40497	其中，乡和镇为 32929 个
村级行政单位	537195	其中，自然村 2649963 个，涉及户籍人口 7.62 亿人

数据来源：《中国统计年鉴》（2014）和《中国城乡建设统计年鉴》（2013）

即便 2030 年中国的城镇化水平能达到 65%，由于庞大的人口基数，仍将有 5 亿~6 亿人生活在农村，而村域仍将是其最主要的聚居地。同时，由于地域范围巨大、人口数量众多，村域的稳定和发展关系到城乡大系统的稳定和发展。可以说，村域是解决中国"三农"问题的主战场、社会主义新农村建设的主阵地，村域的改革发展事关我国农业发展、农村繁荣和农民富裕幸福的"三农"振兴的大局（顾益康，2010）。在推进新型城镇化和新农村建设进程中，应十分注重培育壮大村域自我发展能力，加快村域特色优势产业发展，振兴村域经济。

中国经济社会发展的基石在农村，农村发展的关键在村域。村域在经济发展和减贫中处于核心地位（Taylor and Adelman，1996）。无论是从经济有序运行的角度还是从社会和谐稳定的角度，村域均是对区域农村进行理论和实证研究的重要尺度、关键位点。地理学有服务于农业和乡村发展的传统和优势（蔡运龙，1999；吴传钧，2002，2008）。基于乡村地理学视角，集成相关学科的理论与方法，以不同乡村地域类型区内相对成功的典型村域作为研究对象，研究其演化机理、剖析其成功经验、揭示其综合效应、诊断其现实问题，提出村域发展的优化模式和保障机制，可为类似地区的村域发展提供借鉴，以推动村域的产业化、专业化、生态化、社区化发展进程。同时，可为转型期我国新农村建设相关政策的制定、规划的编制提供科学依据。此外，这对于构建传统农区发展的动力系统理论、丰富和完善已有的农村发展理论也具有积极意义。

1.2　概　念　辨　析

1.2.1　村域与村域发展

"村"是我国最小的行政区划单位，"域"即地域，泛指地理空间，村域是一个均质性的乡村区片在空间上的投影，是具有乡村特性的均质地域单元。村域的边界大多是泛化的、模糊的，可能是一个村或是由数个均质的具有较强关联的村组成，具有生活性、生产性、生态性等特征，承载着农村家庭联产、乡村企业生产、农民日常生活、农村社区发展等农村居民的诸多生产、生活行为。村域经济是以村域为地理空间，以村民自治为调控主体，以市场为导向，优化配置村域内外各种资源，具有地域特色的区域经济。在中国，农民大部分还被组织在村域，农业主要发生在村域所属的土地上，村域的文化对于农村人口最具有可分享性和纽带作用，因此在一般意义上说，农村、农业、农民的变迁首先会表现为村域的变迁（毛丹，2008）。村域成为认识和改造中国乡村社会的重要窗口。

村域是一个自成体系的组织，具有系统的基本特征，可视为村域系统。本书将村域系统定义为：特定村域范围内，社会经济要素和资源环境要素相互联系、相互作用而构成的具有一定空间、结构和功能的乡村体系。村域系统具体包含：村域社会经济结构及其与地域环境间相互影响、相互制约的关系；村域内部各经济部门间相互结合、相互促进的关系；村庄居民点与其周围地区相互联系、不可分割的关系。划分和研究村域系统的目的在于分析村域内部结构的形成、相互联系及其发展变化规律，以及村域系统同其外部的乡村系统、城镇系统的相互联系机制和发展变化规律，以改善村域人地关系，促进乡村地区的可持续发展。

关于发展，阿马蒂亚·森（2002）认为，增长只是手段，人是发展的中心，发展的最根本目的是为人类谋取福利。由此，村域的发展也是一个综合概念。我们认为，村域发展是在一定的村镇空间结构体下，特定村域系统农业生产发展、经济稳定增长、社会和谐进步、环境不断改善、文化接续传承的良性演进过程。村域发展状况直接影响农户收入增长，决定村级组织运转效率、农村社区建设和公共服务水平以及村民的生活品质。

转型是指事物的结构形态、运转模型和人们观念的根本性转变过程。不同转型主体的状态及其与客观环境的适应程度，决定了转型内容和方向的多样性。转型是主动求新求变的过程，是一个创新的过程。乡村转型发展是实现农村传统产业、就业方式与消费结构的转变，以及由过去城乡隔离的社会结构转向构建和谐社会过程的统一，其实质是推进工农关系与城乡关系的根本转变（刘彦随，2007a）。本书认为，村域发展转型是指村域发展主体基于村域系统内外部环境条件的变化，对村域发展的体制机制、运行模式和发展战略进行动态优化调整和创新，实现由旧的发展模式向新的符合当前时代要求的发展模式转变的过程。

1.2.2 村域发展机理

机理与机制的意思相近，是指一个工作系统的组织或部分之间相互作用的过程和方式。在经济学、社会学、地理学等学科中，机理主要指引起事物变化的内外部因素及其相互作用的方式和规律。可理解为制度化了的方法，是经过实践检验证明行之有效、相对稳定的多种方式、方法的总结和提炼。陆学艺（2001）指出，要科学地研究中国农村社区以及农村社区发展的内部动力，应该把行政村作为农村社区的基本单位，以农民为主体，从家庭与农村社区组织的结合角度研究村落的内部结构，揭示农村社区发展的内在动力，同时也要研究影响农村社区发展的外部因素，包括村落外部地方市场和地方政府对社区结构、社区组织的影响，研究影响农村社区发展的外部因素以及内外部各种因素相互作用的机制。据此，村域发展机理是指村域系统在其发展、演化过程中，各内外部相关要素间相互作用的过程、方式和规律。深入探讨村域发展机理，对于全面认识村域发展的基本规律、把握村域发展的关键要素及其相互作用关系，进而适当通过来自外部的制度安排与政策引导推动村域发展具有重要价值。

1.2.3　村域发展效应

村域发展是重要的社会经济过程，对于村域乃至周边区域的社会经济结构、均可能产生明显影响。特别地，村域发展状况直接影响农户收入增长，决定村级组织运转效率、农村社区建设和公共服务水平以及村民的生活品质，因而具有明显的社会经济效应。此外，村域发展必然关联到水土、矿产、能源等资源的开发、运输、利用以及生产生活排放，由此给区域生态环境带来影响，产生系列资源环境效应。本书重点探讨村域发展的资源环境效应。通常，其在资源利用方面主要体现为土地资源、水资源以及能源利用方式的变化，在环境效应方面主要体现为对来自村域内部的农业面源污染、畜禽养殖污染、乡村工业污染、生活垃圾污染等内源性污染的影响。

需要说明的是，村域发展的资源环境效应与国家和区域尺度工业化、城镇化所带来的资源环境效应有所不同。国家和区域尺度的经济增长是人口、要素和产业向城市集聚的空间过程，资源消耗和污染排放的强度与规模更大，分布更集中（方创琳等，2008）；村域系统可视为半自然的人工系统，资源消耗和污染排放往往强度更小、分布更散，但由于村域数量及其承载的人口众多，总量变化具有全局效应，同样值得关注（Dumreicher，2008）。此外，受收入、教育等因素的影响，村民对资源环境问题的主体感知可能不同于城镇居民；加之社区本质的差异性，"熟人社会"中村民对资源环境问题的响应实践也往往不同于城镇居民。这是开展村域尺度相关研究的重要出发点。

1.3　相关进展

1.3.1　农村发展理论

20 世纪中期以来，农村发展的主要理论包括外生式农村发展理论、内生式农村发展理论，以及内生/外生混合型即综合式农村发展理论（Terluin，2003）。外生式农村发展理论强调通过城市-工业增长极带动区域经济一体化的自上而下的发展，乡村被赋予的主要功能是食物生产，其发展特色是持续的现代化与工业化，并以追求经济增长为主要目标（Ilbery and Blower，1998）。其主要理论包括增长极理论、中心-外围理论、农业区位论、工业区位论、刘易斯二元经济结构理论等。上述理论在很大程度上支撑了世界银行及欧美发达国家对亚非拉地区的援助工作。但逐渐地，这种忽视当地的重要性的发展方式的弊端开始显露，不仅可能导致乡村地区丧失经济、文化的独立性，而且可能会使地球环境和资源陷入危机（Slee，1994）。因而外生式发展理论在 20 世纪 80 年代中期以后日益受到质疑和批判。

随着时间推移，乡村逐渐被想象成代表理想的、有秩序的、和谐的、健康的、安全的、和平的社会（李承嘉，2005），具有相互合作支持、自我帮助及自愿参与的特色（Little and Austin，1996）。由此，内生式发展理论逐渐受到推崇。内生式发展是一种"自我导向型"（self-oriented）的发展过程，一方面使乡村达到自己想要的发展方式，另一方面把利用乡土资源所创造出来的总价值重新分配在该地区内（Slee，1994）。具体包括三项内容：由地方参与和推动、建构地方认同、乡土资源的利用（Ray，1998；Parker，2002；van der Ploeg and Saccomandi，1995；Lowe et al.，1995）。典型的内生式发展理论有社区主导下的乡村发展理论（Murray and Dunn，1995）、Bryden 理论（Bryden，1998）等。

后来，Amin 和 Thrift（1995）及 Murdoch（2000）进一步提出了乡村发展的"第三条路"，即内生/外生相结合的综合式农村发展理论，强调外在和内在力量的相互作用在调控农村发展过程中的作用。农村发展被认为是一个复杂的网络编织过程（Murdoch，2000），区域乡村发展的影响要素及其之间的相互作用关系被 van der Ploeg 和 Marsden（2008）、Marsden（2010）等形象地定义为"伸展的乡村网络"（unfolding rural web）。在这个网络中，资源是可流动的，且控制发展过程的力量由相互影响的地方力量和外部力量组合而成。

1.3.2 村域发展机理

区域农村发展机理是国外乡村地理研究的重要内容之一。Marsden（2010）重点从内生性、市场管制、新制度安排、社会资本、新颖性等角度分析了 Devon 和 Shetland 两个地区的农村转型发展机理，并由此而揭示了乡村发展网络的构建机理和功能（图1-5）。Binns 和 Nel（2003）通过对制度厚度、资源禀赋、当地社区的能力的探讨，揭示了一个昔日的矿区小镇 Utrecht 如何在资源枯竭后逐渐发展成乡村旅游胜地进而实现乡村发展转型的机理。Terluin（2003）的研究发现，与劳动力和资本等传统要素相比，能力较强的本土行动者和紧密的内部联系网络、外部联系网络对乡村发展的驱动效应也极为明显。

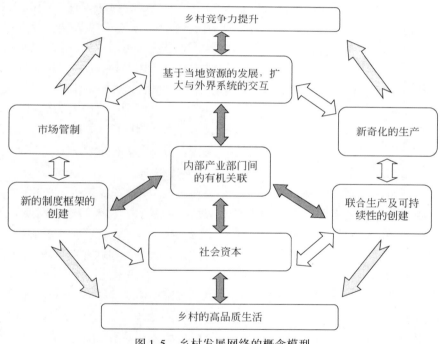

图 1-5　乡村发展网络的概念模型
数据来源：根据 Marsden（2010）绘制

国内关于区域农村发展机理的论述，较早见于费孝通对苏南、温州等地农村发展模式的研究之中。随后，区域农村发展机理研究进入低谷期，而近年来又逐渐展开。刘彦随和屠俊勇（1997）剖析了温州沿海地区经济运行机制及可持续性对策；Xu 和 Tan（2001）强调权力下放与政治经济改革、地方政府发展动力与自发的农村发展机制；张富刚和刘彦随（2008）从系统论的角度总结了区域农村发展的要素、结构与动力机制；周应恒等（2010）探讨了江苏邳州大蒜主产地的形成机制。

费孝通基于对苏南典型村落开展的数十年的社区研究，转型到对小城镇和区域发展的深入探讨，并最早在 20 世纪 80 年代初提出了"苏南模式""温州模式"和"珠江模式"（费孝通，1985；刘豪兴，2008）。洪银兴和陈宝敏（2001）对前二者进行了比较分析。郭焕成等（1991）总结了黄淮海地区乡村发展的地域模式；方创琳等（2003）总结了三峡库区高效生态农业发展的五种模式；刘彦随等（2006）在系统剖析了黄土丘陵沟壑区的生态经济特征后，提出了符合该区资源、生态与农村发展实际的 3 种典型生态经济模式，在当地得到了很好的实践应用；张富刚（2008）对东部沿海典型地区农村发展的区域模式进行了探讨。

探寻影响村域发展的内外部因素及其作用机理是研究村域发展机理的主要视角。在理论层面，乔家君（2008）探讨了制度环境、自然资源开发、资本运作、市场带动、技术进步及其他因素对村域经济类型分化的作用；王景新（2008）提出了"区位因素及宏观环境是外部冲击，村落精英作用与村落文化转型是内发动力，村落基础设施和市场主体能力的起点差异对村域转型路径选择和目标实现具有决定性影响"的理论假设；贺雪峰（2009）认为，不同农村因为内部性质的差异，而形成接应自上而下、自外而内政策、法律和制度的不同过程、机制和后果，非均衡格局由此产生；特色专业村是我国村域发展的重要方向，李小建等（2009）从理论层面分析了农区专业村形成与演化机理。

在实证研究层面，Rozelle 和 Boisvert（1995）抽样调查了中国东部 40 个样本村域，认为中国农区不平衡增长的内在机制是，刺激中国农区的经济制度导致了行为个体把相关资源从农业中抽出，进而转向农村工业。Sato（2010）利用 1990 年和 2002 年我国 21 个省 870 个行政村的村级数据结合计量模型探讨了村民人均收入变化率的影响因素。Vu 等（2009，2010）对越南北部一个钢铁生产村域由传统集群向现代集群以及一个快速发展中的村域服装产业集群之转型发展过程及其机理进行了计量分析。刘婷和李小建（2009）把影响专业村发展的内部因素和外部因素视为一体，运用行动者网络理论分析框架探讨了葡萄种植专业村的发展过程与机理。车裕斌（2008）、朱华友（2007）、方湖柳（2009）等对长三角地区典型村落经济社会转型的机理进行了综合分析。李小建和李二玲（2004）以河南省南庄村的钢卷尺企业集群为例探讨了农区企业集群竞争优势的内在来源。薛力（2001）、王成新等（2005）、李君和李小建（2008）、刘彦随等（2009a）、龙花楼等（2009）、Long 和 Woods（2011）等对当前我国在快速城镇化、工业化进程中的农村空心化问题及其机理进行了深入探讨。

1.3.3 村域发展效应

我国的基本国情决定了必须不断提高社会经济系统运行效率，十分重视经济和社会与人口、资源、环境的协调发展（周立三，1990；吴传钧，1991；毛汉英，1991）。学界着眼于快速城镇化进程中的资源环境变化开展了大量研究（Brown，1995；Ash and Edmonds，1998；蔡运龙等，2002；MacBean，2007）。特别地，围绕土地和粮食安全，探讨了我国的土地生产力、人口承载能力、粮食供需平衡（Huang et al.，1999；封志明等，2008；Yin et al.，2006）；针对能源安全问题，探讨了能源流动格局、保障状态、战略导向（Cheng et al.，2010；Shen，2010）；围绕生态环境问题，开展了城镇化的资源环境基础及效应研究（刘耀彬等，2005；陆大道等，2007；方创琳，2008；张雷，2010；Chen et al.，2010）。

在乡村地域，围绕耕地和宅基地变化（刘彦随等，2009a；曲福田，2010；李裕瑞等，2010；龙花楼和李婷婷，2012）、能源可持续利用（Zheng et al.，2010；Fan et al.，2011；Zhuang et al.，2011）、乡村产业发展及其环境影响（Guo et al.，2010；Li et al.，2010；Yang et al.，2009）、农户空间行为与人居环境（李伯华和曾菊新，2009）、农村城镇化的资源环境效应模拟等（Siciliano，2012）做了深入探讨。围绕可持续发展问题，提出了能值理论及其测算方法（Odum，1996）、生态足迹理论及其测算方法（Rees，1992；Wackernagel and Rees，1996）、生态系统服务功能的理论与价值评估方法（Costanza，1997）、资源诅咒假说（Auty，1993；Sachs and Warner，1995）、脱钩理论（OECD，2002）以及经济增长与资源消耗、环境排放的库兹涅茨曲线假说（Grossman and Krueger，1991）等。总体来看，中小尺度村镇发展的资源环境效应相关研究不多（李崇明和丁烈云，2009），特别是对于产生机理、调控机制、制度困境、防范措施的案例比较研究仍较缺乏。

1.3.4 简要评述

（1）第二次世界大战后的农村发展理论大致经历了外生式、内生式和综合式三阶段变迁。外生式农村发展理论强调外部因素对农村发展的作用；内生式农村发展理论认为农村区域的发展主要由其自身推动，更多地依赖于地方资源；综合式农村发展理论则强调控制区域发展过程的内外部力量的相互影响。当前，我国农村发展正受到城镇化、工业化、区域化、全球化、国家和区域政策等外部因素的深刻影响，而诸多成功实践证明，内源因素也是促进区域农村转型发展的重要驱动力。深刻认识农村发展理论及其阶段性变化，对于从自然、社会、经济、制度等网络化、综合性视角探寻区域农村发展机理有积极意义。

（2）基于不同类型区典型村域的演化过程系统梳理村域发展机理，为农村政策的完善和村域发展实践提供理论参考。国外区域农村发展机理研究主要基于单个案例的深度剖析或多个案例的比较分析而开展。我国当前关于村域发展机理的研究注重对发达地区、工业化带动型村域发展机理的剖析，而对欠发达地区尤其是旅游资源、矿产资源、地理区位相对欠佳的传统农区村域发展机理的研究还相对较少。应基于不同类型区典型村域的演化过程，开展比较分析与综合研究，系统梳理村域发展机理，以进一步丰富和完善现有乡村发展理论。

（3）现有关于资源环境效应的分析注重基于统计数据和计量经济模型、系统模拟模型等对大尺度区域进行定量建模分析，而由于缺乏小尺度区域的统计资料，村域微观尺度的研究极为薄弱。事实上，小尺度区域的案例研究是大尺度模拟模型的有机组成部分，是获取模型关键参数、验证模型精度的重要手段，是深刻认识经济全球化、工业化、城镇化及全球变化等大尺度"事件"的产生机制、影响机制、相互作用、综合效应的重要途径。有必要加强微观尺度区域的案例研究工作，特别地，基于定位观测积累长期趋势数据、通过深入访谈获取主体综合认知数据、结合案例比较探寻系统耦合反馈机制，进而为乡村系统演化及其可持续性研究提供支撑。

（4）注重多学科理论与方法的交叉与融合。一是要吸收社会学、发展学在研究农村问题时的田野调查方法、参与式研究方法，以座谈、问卷调查、深度访谈等形式倾听真实世界的"声音"，全面、系统、深入地描述和认识真实世界及其动态，关注"社会网络中的村域和个体"；二是要吸收经济学关于产业、制度等领域的研究成果，关注特定制度背景下的"理性的追求利益最大化的村域和个体"；三是充分发挥人文经济地理学的综合性、区域性优势，加强不同类型区的比较研究，关注"地理空间中的村域和个体"，力争在个案研究的基础上，以区域研究作为中介，由此进入到对非均衡中国农村的认识及中国社会整体的理解。

1.4　理　论　基　础

1.4.1　人地关系地域系统理论

人类社会系统和自然环境系统相互作用的聚焦地带是地球表层，这两个系统在地球表层空间相互作用、相互联系而构成一个规模庞大、空间广阔、时间漫长、结构复杂、要素众多、功能综合的巨系统，也就是人与地相互影响、相互作用的综合体，构成人地关系系统。在这个巨系统中，人类社会和地理环境两个子系统之间的物质循环和能力转化相结合，形成了人地系统发展变化的机制。人地关系地域系统是人类活动与地理环境之间相互作用形成的系统在地域上的表现形式。它是以地球表层一定地域为基础的人地关系系统，也就是人与地在特定的地域中相互联系、相互作用的一种动态结构（吴传钧，1991）。人地关系协调是区域发展的前提条件。人地关系地域系统是随着人类开发利用自然的全过程而发展的，随着社会生产力的提高，人类认识和干预周围地理环境的能力逐渐增强，人地关系地域系统就向广度和深度发展。在"人地关系地域系统"中，每一个要素的变化都可能引起其他要素的变化和整个系统的变化。对这种机制的研究和揭示是"人地关系地域系统"研究的主题（陆大道，2002）。

人地关系地域系统理论是地理学研究的核心灵魂和理论基石（樊杰，2008）。在乡村地理学领域，该理论是认知乡村地域发展过程、机理和结构特征、发展趋向，寻找其优化调控途径的理论基础，是合理配置城乡资源、重构乡村空间、推进乡村发展，加快城乡一体化进程的理论指引。本书以该理论作为支撑，探寻村域发展演化的过程、机理与效应，总结提炼村域发展的优化模式。

1.4.2　农业和农村发展相关理论

农业和农村发展相关的经典理论包括比较优势理论、要素禀赋理论、农业区位理论、中心地理论、产业结构变迁规律理论、二元经济理论、改造传统农业理论等（表1-2）。在上述理论的指引下，国内关于农业和农村发展的理论成果也不断涌现。例如，社会学家费孝通对乡镇企业、小城镇建设、农村发展模式、城乡一体化发展等的深刻理论见解；经济学家林毅夫对中国农村改革、国民经济发展与转型的相关理论洞见；在农业与乡村地理学领域，邓静中、郭焕成等对中国农业区划、乡村地域类型的理论研究产生了广泛的社会经济效益。近年，李小建（2009）对农户地理论的贡献也极为突出。针对快速城镇化、工业化进程中的农地快速非农化、农村劳动力老弱化、村庄空心化等新问题，刘彦随（2011）认为，既需要政府继续加大"三农"投入力度，更需针对当前农村要素结构调整特征，全面调适农村人地关系，并由此提出了农村整谐发展理论。该理论强调着眼乡村地域运行机理、发展过程、结构特征和发展趋向，以调适农村人地关系为核心抓手，以"要素整合→功能耦合→城乡复合→空间优化"为主要路径，通过全面整合区域农村要素，着力解决农村资源闲置、农村价值低估、农村收入剥夺、农村空间无序等关键问题，进而构建资源持续利用、农村价值显化、城乡协调发展、区域有序开发的农村可持续发展模式。上述理论对于深化对我国农业和乡村发展问题的认识具有重要价值，同时，也是本书的重要理论基础。

表 1-2　农业和农村发展相关经典理论

理论名称	代表人物	理论要点	理论价值
比较优势理论	亚当·斯密、大卫·李嘉图	李嘉图发展了斯密的绝对优势理论，其比较优势贸易理论认为，国际贸易的基础是生产技术的相对差别，以及由此产生的相对成本的差别，每个国家都应根据"两利相权取其重，两弊相权取其轻"的原则，集中生产并出口其具有"比较优势"的产品，进口其具有"比较劣势"的产品	基于要素禀赋的比较优势与贸易分析理论对于区域农业产业结构调整、竞争力构建和参与国际贸易具有重要指导意义
要素禀赋理论	赫克歇尔、奥林	一个国家生产和出口那些大量使用本国供给丰富的生产要素的产品，价格就低，因而有比较优势；相反，生产那些需大量使用本国稀缺的生产要素的产品，价格便贵，出口就不利。各国应尽可能利用供给丰富、价格便宜的生产要素，生产廉价产品输出，以交换别国价廉物美的商品	
农业区位理论	杜能	系统分析了在一个均质的假想空间里，农业生产方式的配置与距离城市的关系，揭示了农业生产布局的圈层规律及其内在机制	从空间视角探讨生产布局、城乡关系，对于城乡产业、功能及其空间格局优化具有重要指导价值
中心地理论	克里斯泰勒	深入研究了特定区域内城镇的等级、规模、职能之间的关系及其空间结构的规律性，并用六边形图式对城镇等级与规模关系加以抽象概括	
产业结构变迁规律理论	威廉·配第、科林·克拉克、西蒙·库兹涅茨、钱纳里	系统考察了经济增长过程中产业结构和就业结构的变动：随着人均收入水平的提高，劳动力首先由第一产业向第二产业转移，当人均国民收入继续提高时，劳动力向第三产业转移；在国民生产总值中工业所占份额逐渐上升，农业份额逐渐下降，而按不变价格计算的服务业则缓慢上升	对于产业结构分析预测、区域发展阶段定位、农业发展战略制定具有重要参考价值
二元经济理论	刘易斯、费景汉和拉尼斯、乔根森、哈里斯和托达罗	揭示了发展中国家并存着农村中以传统生产方式为主的农业和城市中以制造业为主的现代化部门，农村地区广泛存在着边际生产率为零的剩余劳动力，顺利将其非农转移才能促进二元经济结构的逐步消减	为深入认识发展中国家的城乡关系、相关政策出台提供了重要依据

理论名称	代表人物	理论要点	理论价值
改造传统农业理论	西奥多·舒尔茨	人力资本是农业经济增长的主要来源，农业发展的关键在于获得并有效地应用现代生产要素，这就要求农民具有相关的新知识和新技能；但人力资本的获得需要对人进行投资，实现人力资本存量的增长	为发展中国家制定农业和农村发展政策提供了重要的理论和经验证据

数据来源：李小建（2006）；林乐芬（2007）

1.4.3 区域发展相关理论

经济学研究的三个中心问题为："生产什么""如何生产""为谁生产"，并已经形成了系统的理论体系。但是，空间的问题长期以来受到忽视，直到区域经济学、经济地理学的诞生之后才有所改观。关于区域发展的动力及动力机制，主流观点认为（王建廷，2007；田明和樊杰，2003）：要素禀赋是区域经济发展的始点，是区域经济活动主体的选择行为发生的直接原因；分工是促进经济发展的原因，但要素禀赋决定了区域分工专业化的方向和层次；在分工专业化的作用下，要素和区域经济活动主体向特定的区域空间集聚，不断促进区域经济的发展；聚集是推动区域经济发展的根本力量。区域发展的空间结构理论认为（陆大道，2001）：由于人们对社会交往的需要和对基础设施的共享，社会经济客体必然要在一个地域或点上集中起来，其内在机理就是集聚产生效益、关联产生效益；区域和国家的空间结构是社会经济长期发展的结果，也是人们根据区域的自然、区位、历史、经济等因素的特点实施相应的区域发展方针的结果，是区域生产要素、经济发展水平、产业结构类型、经济控制力等在一定地域空间上的综合反映。

竞争优势理论是探讨国家和区域发展战略的重要理论。该理论的代表人物迈克尔·波特（2006）认为：在国家层面上"竞争力"的唯一意义是国家生产力，而一个国家能持续并提高本身生产力的关键在于，它是否有资格成为一种先进产业或重要产业环节的基地；产业是研究国家竞争优势时的基本单位，一个国家的成功并非来自某一项产业的成功，而是来自纵横交织的产业集群，一个国家的经济由各种产业集群所组成，通常是这些产业集群弥补并提供竞争优势。关于一个国家为什么能在某种产业的激烈竞争中崭露头角，波特认为答案必须从每个国家都有的四项环境因素来讨论，即①生产要素；②需求条件；③相关产业和支持产业的表现；④企业的战略、结构和竞争对手。这四项关键要素构成一个双向强化的"钻石体系",关系到一个国家或区域的产业或产业环节能否成功,而在国家环境及企业竞争力的关系上,还有"机会"和"政府"两个不容忽视的变数。

此外,迈克尔·波特(1987)提出的价值链理论对于区域发展战略制定同样具有参考价值。该理论认为:价值链是企业用来进行设计、生产、营销、交货以及对产品生产及销售起辅助作用的各种活动的集合,所有这些活动都可以用价值链表示出来;在企业的经营活动中,并不是每个经营环节都创造价值或者具有比较优势,企业所创造的价值和比较优势实际上是来自于企业价值链上某些特定环节的价值活动,这些真正创造价值的、具有比较优势的经营活动,才是最有价值的战略环节,而这些关键环节可能是企业的采购、设计、生产、营销、服务等活动过程中的一项或几项,或其中某个活动的细分活动,也可能来自于价值链上某些活动之间的联系;企业发展的关键就是通过一系列战略措施发展或者保持这些创造价值同时产生比较优势的战略环节。

在农村地区,村镇建设中的聚落集中化与土地集约化、农村工业化进程中的产业集聚发展、农村城市化进程中的村镇空间结构重组、城乡一体化进程中小城镇发展显露生机均是"城—镇—村"空间结构重组的表现(石忆邵,2007)。在我国城乡转型发展进程中,乡村聚落逐步由"生活"功能转向"生活、生产、生态"多功能(刘彦随等,2009a),尤有必要在区域发展相关理论的指引下,基于价值链视角建立区域自身的比较优势,促进城乡要素的合理流动和农村要素的相对集聚,重构农村发展的有序结构,引导农民向中心村(社区)集中,促进现代乡村空间向生态化、集约化方向发展,促使形成具有一定层级关系的"中心地"。前述理论是特定空间结构体系下实现村域可持续发展的理论导引和实践基础。

1.4.4 社会网络理论

任何经济组织或个人都具有与外界一定的"社会关系"(relationship)及"联结"(tie),都镶嵌或悬浮于一个由多种关系联结交织成的多重、复杂、交叉重叠的社会网络之中。在这其中,关系是因,联结是果,有关系就有联结,各种各样的关系与联结搭建了社会网络的基本构架(姚小涛和席酉民,2003)。这些联系大致可分为两种(边燕杰和丘海雄,2000):第一种是个人作为社会团体或组织的成员与这些团体和组织建立起来的稳定的联系,个人可以通过这种稳定的联系从社会团体和组织摄取稀缺资源。例如通过校友会获得工作机会,通过学会了解国际最新学术动态等。第二种社会联系是人际社会网络。与社会成员关系不同,进入人际社会网络没有成员资格问题,无须任何正式的团体或组织仪式,它是由于人们之间的接触、交流、交往、交换等互动过程而发生和发展的。社会学者十分重视社会网络以及个人由社会网络摄取社会资源的过程。

社会网络的重要作用不仅在于将信息与资源通过网络中的各种联系传递过来，还在于社会网络各节点之间的不同联系影响着通过网络传递过来的信息和资源的质量。Granovetter（1973）对此给出了较有影响力的解释。他认为：人与人之间、组织与组织之间的交流接触所形成的纽带联系是具有强度上的区别的，根据其强度可以将联系划分为强联系（stong ties）和弱联系（weak ties）两种类型，而且强联系和弱联系在社会互动中所起的作用也是不同的；强联系维系着群体、组织内的联系，而弱联系则维系人们在不同群体、不同组织之间联系；由于强联系通常维系群体、组织内关系，而这些群体、组织的构成者在其个体属性上具有相似性，因此从强联系中所能获取的信息重复性高；而弱联系是在群体间发生的，来自不同群体的信息异质性高、重复性小，因此弱联系比强联系具有更大的作用。

此外，Burt（1992）提出的结构洞理论对于社会网络作用机制的解释也具有代表性。该理论认为大部分社会网络并不是完全连通的网络，而是存在着结构洞（structure hole）。存在结构洞的网络是指网络中的某个或某些个体与有些个体发生直接联系，但与其他个体不发生直接联系。Burt称这些关系间断所形成的洞穴为"结构洞"。在结构洞中，将两个无直接联系的两者连接起来的第三者拥有信息优势和控制优势。因此，组织和组织中的个人都要争取占据结构洞中的第三者位置，并且为保持结构洞的存在及自身的优势，而不能让另外两者轻易地联系起来。

可以预想，社会网络理应与村域资源获取、村域成长和发展演化紧密相关。村域发展需要资源，而村域内部成员之间、内部成员与外部个体、村域与村域之间是有着相互作用尤其是资源和要素依赖的，村域成员与社会网络中其他行为者之间通过各种特征的关系进行联结，不同形式的资源则通过这些联结在网络中的组织与个体之间流动，这种联结如同"脐带"，为村域组织与个体的发展提供"养分"—资源。因而，社会网络理论提供了分析村域发展演化尤其是其资源获取的重要思路。我们预计，村域发展主体的广泛的、紧密的社会交往和社会联系对村域发展非常重要，这种交往和联系是村域发展的重要资本，当某些资源在特定的社会环境中变得稀缺时，发展主体可以着力通过前述两种社会联系摄取。这里，村域发展所需的资源的内容与形式可以表现为多种多样，如信息、人员、资金、服务、建议、知识、机会、技术等，甚至社会网络本身也可看成是村域发展演化的一种资源。本书将通过案例分析村域社会资本是否有利于降低交易成本、促进村域发展相关主体的信任与合作，是否有利于村域产业链的形成与整合，是否有利于增强村域的创新发展能力。

1.5　研究方案

1.5.1　研究内容

改革开放以来，我国农业农村发展取得了举世瞩目的成绩，许多地区的乡村进入了转型发展的新阶段。但是，也有很多乡村仍旧面临农业基础薄弱、乡村发展滞后、农民增收困难、资源配置效率不高、社区环境有待改善等问题。村域是解决三农问题、推进新农村建设的主战场。探讨村域发展过程及其机理、乡村资源优化配置与环境综合整治、乡村政策评估，进而认识和揭示区域乡村发展的一般规律，为统筹城乡发展和建设美丽乡村提供支撑。为此，本书基于在我国传统欠发达农区、大城市郊区、西部山地丘陵区等不同类型地区典型村域开展的实地调查和案例分析，凝练了四个各有侧重而又相互联系的问题进行研究，着力研究村域发展过程及其机理、乡村环境综合整治与资源优化配置、乡村政策评估。具体研究内容包括：

（1）区域格局分析，基于多源数据揭示村域发展与建设的多尺度时空格局特征，为微观案例研究提供宏观层面的区域背景信息。利用统计资料揭示我国村域数量动态变化及其省际差异，利用村庄注记点数据和相关地理空间数据揭示典型地区村落分布的空间特征和类型特征，利用城乡建设统计资料分析村庄基础设施建设公共财政投资的省际差异和不同尺度城乡聚落间基础设施建设公共财政投资的差异动态，基于全国分县统计数据揭示我国县域乡村综合发展水平的格局特征。由此，形成关于我国村域发展与建设的多尺度时空格局特征的综合认知。

（2）案例研究一，系统探讨村域发展机理，为传统农区的村域转型发展和城乡一体化提供理论参考。基于对黄淮海平原3个典型县区内5个代表性村域在过去30年的发展历程、影响因素、共性特征的系统考察，探讨传统农区农业型村域转型发展的过程特征与内在机理。

（3）案例研究二，具体剖析村域发展转型的资源环境效应及其优化调控，为可持续乡村建设提供理论和案例支撑。基于村域转型发展及其资源环境效应的理论分析，以地处北京郊区的北村为例，剖析大城市郊区典型村域在"种、养、加、旅"四业协调发展过程中的资源环境效应及其优化调控过程、特征与内在机理。

（4）案例研究三，详细解析农村空心化过程中传统农区典型村域对乡村资源环境效应的响应机制与成效，为传统农区科学推进空心村整治，实现增地、稳粮、促发展提供参考。以黄淮海平原农区内河南省郸城县的赤村和王村为例，基于座谈、访谈和问卷调查资料，深入剖析其空心村整治的过程、机理、效果、适应性和障碍点。

（5）案例研究四，探讨典型乡村相关主体对宏观政策的响应及其效应，为新时期的乡村发展政策创新提供科学参考。以川南山地丘陵区典型村域为例，基于跟踪调查研究，简要分析该村1949年以来的社会经济发展历程，着重探讨西部大开发政策、退耕还林政策、农业生产支持政策及新农村建设战略的地方响应与效应。

1.5.2 研究区域

1. 典型县域及案例村域的选取

当前，我国乡村发展面临的主要问题在于资源环境基础不够牢实、要素市场发育不够完善、农村发展主体逐渐弱化、乡村非农产业不够发达、区域发展差异仍在增大，亟须加强资源节约型环境友好型农作技术研究与推广、研究制定农区农产品加工业和农业服务业促进法、研究建立促进农区乡村发展的财政转移支付机制、加强空心村整治与新农村建设的机制与模式研究。近年来，作者在黄淮海地域范围内的河南省、山东省和北京市，以及西南山地丘陵区开展了多次调研。拟基于这些调研所收集的数据资料开展村域发展机理与资源环境效应的综合研究。

河南省是我国中部的农业大省，粮食产量占全国的1/10，其对国家粮食安全的贡献在于，不仅解决了第一人口大省的吃饭问题，而且每年能外调粮食约100亿kg（郭丽英等，2009）。但在粮食贡献大幅提升的同时，河南的乡村发展水平仍低于全国平均水平，并明显滞后于东部沿海地区。深入研究该省农业和乡村发展的问题与经验，对保证国家粮食安全、促进农区乡村发展具有重要意义。作者于2010年五六月在该省进行了为期半月的实地调研，考察了大城市郊区（郑州市惠济区）、大城市郊县（荥阳市）、传统工业强县（新乡县）和传统农业大县（郸城县）的乡村发展情况，并调研了13个典型村、走访了近100个农户，着重调研了典型村在产业发展、新农村建设、空心村整治方面的做法和进展。此外，作者还于2011年5月在该省的信阳市、开封市进行了为期10天的调研，考察了农区特色农业产业化（信阳的茶产业）、农业生产合作化（兰考的农民合作社）。2012年以来，作者每年都对郸城县典型村镇进行回访和跟踪调研，以细致了解村镇发展状态变化。最终，选择以地处黄淮海平原南缘的郸城县作为"农业主导—严重欠发达型乡村"的代表（李裕瑞等，2011），重点剖析该类型乡村典型村域赤村和王村的发展历程与机理，以及对农村空心化的响应①。

山东省是我国的农业大省和经济强省。2008年，山东以占全国1.64%的土地面积和6.17%的耕地面积生产了全国8.06%的粮食、18.09%的小麦、13.89%的棉花、11.54%的油料、23.60%的花生、13.59%的水果、25.57%的苹果、12.65%的葡萄，农林牧渔业总产值居全国第1位。这与山东创新实践农业产业化经营、大力发展高附加值农业密不可分。深入开展山东农业和乡村发展经验、教训、机制研究，对于发展壮大我国的农业和农村经济具有参考价值。作者在山东进行了数次调研：①2009年2~3月，参与了禹城市12个抽样村的宅基地利用情况调查和高分辨率遥感影像解译工作；②2009年10~11月，参与了平邑县、桓台、单县18个抽样村的宅基地利用情况调查和高分辨率遥感影像解译工作；③2010年12月，作者再次到禹城就其农业产业化发展现状与问题、"合村并居"工程的现状与问题进行综合调研，并着重考察5个典型村域的产业经济发展状况；④2011年以来，作者每年都对禹城市的典型村镇进行回访和跟踪调研，以细致了解村镇发展状态变化。最终，选择以地处鲁西北传统农区的禹城市作为"农工业主导—中等发达型乡村"的代表（李裕瑞等，2011），重点剖析该类型乡村代表性村域夏村和邢村的农业产业发展历程及动力机制。

首都北京的快速发展，对其城郊区的乡村发展也带来了显著影响。关于京郊乡村发展机理与效应，作者进行了多次实地调研：①2009年3月，到昌平区南口镇东李庄村的燕岭生态园考察农业旅游；②2010年7月，到怀柔区琉璃庙镇考察生态旅游；③2010年8月，到门头沟区潭柘寺镇赵家台村考察民俗村的发展情况；④2010年12月，到昌平区兴寿镇西营村考察草莓种植专业村的发展情况；⑤2010年12月和2011年12月，到顺义区赵全营镇北郎中村考察高效农业产业化及多功能农业发展情况。考虑到顺义区能较好的代表大城市近郊区的平原型乡村，对于黄淮海地区类似平原型城郊区的发展具有较强的参考价值，由此最终选取顺义区作为"工商业主导—发达型乡村"的代表（李裕瑞等，2011），重点剖析该类型乡村典型村域（北村）发展的演进历程、机理、资源环境效应及其调控机理。

四川省是我国西部地区的人口大省、农业大省和经济强省。由于自然地理条件、历史发展基础、交通区位禀赋等存在明显的地带性差异，省域范围的区域发展和乡村发展也具有明显的区域差异。自20世纪90年代末期以来，我国连续推进了退耕还林、西部大开发、农业生产扶持、新农村建设等多项关于生态建设、区域发展、农业和农村发展方面的政策。四川省是此类政策的重要作用区域，选

---

① 按学术惯例，本书对案例研究涉及的乡镇名、村名和人名作了技术处理。

取其典型区域开展政策评估研究具有积极意义。2008 年以来，围绕生态建设、区域发展、农业和农村发展，我们以隆昌县李村为典型点，进行了多年的跟踪调查研究。拟以该村为例，着力探讨宏观政策转型的地方响应与效应，借以为相关政策的完善提供科学参考。

2. 案例村域的基本情况

1）赤村

赤村隶属于河南省郸城县胡集乡，2008 年有农户 240 户，在册户籍人口 1200 人，耕地 1400 亩[①]。村域经济主要靠传统粮食种植和外出务工带动：由于粮食价格不高，种粮效益依然偏低，耕地亩均年纯收入在 800 元左右；经过近 20 年的发展，赤村青壮年劳动力组建了多支建筑队，主要到太原等地进行建筑工程承包与施工，外出劳动力的人均务工年收入大多超过 3 万元。2008 年该村农民人均纯收入突破 5000 元，较全镇平均水平高出约 20%。赤村曾经是当地农村典型的空心村，旧村占地 475 亩，户均占用居民点用地近 2 亩，人均占地超过 260m²，远高于 150 m² 的国家标准。与传统农区数以万计的村庄类似，"空心化"成为村域进一步发展的制约因素，开展农村居民点综合整治，成为改善村庄人居环境、增加耕地面积的现实途径。自 2007 年开始，赤村开始进行空心村整治，作为对资源环境胁迫和新农村建设的响应。到 2010 年 6 月，赤村内发的空心村整治取得明显进展，230 余户村民拆旧建新进驻新村。通过空心村整治，该村实现了耕地面积的明显增加和新农村建设的有效推进，村庄面貌焕然一新，成为传统农区"空心村整治—新农村建设"的典型。

2）王村

王村隶属于河南省郸城县丁村乡，位于郸沽路北侧 3km 处，与双楼乡接壤，距离县城 16km。2009 年该村有农户 321 户，人口 1800 人，耕地 2450 亩，农民人均纯收入 4900 元。该村以 1998 年的土地调整为契机，利用一块面积为 76 亩的低洼易涝土地，在能人带动、村民广泛参与下，逐渐发展成郸城县东部片区最具规模和活力的乡村集市之一。在集市发展过程中，该村通过系列措施使原有村庄不断向集市迁并整合，有效治理了空心村，新增耕地 600 余亩。王村的发展可视为非农产业发展引导空心村整治的典型。剖析其近期村域发展转型的机理，可为传统农区的乡村发展提供经验借鉴。

3）夏村

夏村隶属于山东省禹城市市中街道办事处，位于县城以南 6km 处，紧邻

---

① 1 亩 = 0.0667hm²。

S101公路以及青银高速禹城出口,交通极为便利。2009年该村有农户129户,人口487人,耕地670亩,居民点面积260亩,农民人均纯收入达9000元。该村具有数十年的蔬菜种植历史,但受资源环境禀赋、技术水平和经营能力等因素的制约,2000年以前一直发展缓慢。2000年以来,该村在新一届村委的带领下,开展了以实现规模经营和改善农田水利为主要目的的新一轮土地调整,并于2006年采用股份制的方式新建了蔬菜交易市场,由此破解了农地细碎化、经营规模小、农产品卖难的问题,蔬菜生产能力和经济效益大幅提升,实现了村域的转型发展。夏村的发展历程可视为以"生产基地+交易市场"带动村域发展的典型,可为传统农区的乡村发展提供经验借鉴。

4)邢村

邢村位于山东省禹城市县城西北部,距离县城10km,距离省道S316和S101均仅3km。2009年全村278户,1068人,耕地面积1589亩,村庄居民点面积450亩。20世纪90年代中期以来,该村在村支书的带领下,大力开展规模化生猪、肉牛、奶牛养殖和冬暖式大棚蔬菜种植,成为远近闻名的发达村、农业专业化生产村,成功实现了村域发展转型。2009年全村存栏生猪1.5万头,奶牛存栏1000多头,蔬菜大棚140多个,户均养殖黄牛5头以上,已形成家家有项目、户户有活干、年年增收入的好局面,农民人均纯收入超过8500元。邢村的发展历程和经验对传统农区的村域发展具有较强的示范意义。

5)北村

北村隶属于北京市顺义区赵全营镇,东邻101国道,北邻昌金公路,南侧靠近六环高速出口,距北京城区30km,距北京国际航空港10km,距京承高速入口2km,地理位置优越,交通便利,且地处京郊绿色农业产业带,周边生态环境良好。全村总面积6600亩,2009年共有农户520户,在册户籍人口1600人。该村依托靠近首都都市区的地理优势,面向城市消费者对农业和农村的不断变化的产品和服务需求,自20世纪90年代初期以来通过股份(合作)制大力发展农业的标准化种植、产业化加工、品牌化运营,初步形成了以园林花卉、籽种农业、农产品加工与物流配送、农业休闲观光等融合互动发展的产业结构,近年基于上述产业链条发展静脉产业,构建出了极具典型性的现代生态循环型村域"经济-社会-生态"复合系统,推动了村域的多功能转型,实现了资源环境效应的优化调控。北村的发展经验对于大城市郊区的村域发展较具参考价值。

6)李村

李村隶属于四川省隆昌县云顶镇。该村紧邻县道和隆纳高速,距县城13km,距321国道2km,对外交通较为便利。2008年人均拥有水田0.4亩,农业生产条件较好，灌溉保障率在90%以上，种植模式多为单季水稻或"水稻+油菜"，水稻亩产在600kg左右。李村曾拥有丰富的石灰石储量，石灰石开采加工曾是该村的主导产业。2008年全村在册人口312人，农民人均纯收入3630元，为全县、全国平均水平的82%和76%。该村是西部山地丘陵区村域的典型代表。我国自20世纪90年代末期以来，连续推进了退耕还林、西部大开发、农业生产扶持、新农村建设等多项关于生态建设、区域发展、农业和农村发展方面的政策。李村在这一系列政策的实施区域内，该村所属各级政府和当地村民对此类政策均有所响应，可作为政策分析与评估研究的考察对象。

1.5.3　研究方法

1. 人文实证调查分析方法

沿"全国—不同类型区—县域—乡镇—村域"尺度下沉，同典型县域的政府部门、典型村域的干部、企业家和群众，进行广泛座谈、深入访谈、问卷调研，获取第一手研究资料，据此开展参与式村域发展综合研究。

2. 定性研究方法与定量研究方法相结合

村域发展可视为复杂系统的演化过程，涉及诸多影响因素。有些更宜通过定性分析的方式加以阐释，如传统风俗、思想观念等；而对于能进行定量分析的问题，则尽量采取定量与定性相结合的研究方法，确保研究结果的科学性与精确性。本项目所涉定量研究方法包括综合评价方法、GIS空间分析方法、RS遥感影像分析方法等。

3. 专家决策支持方法

通过专家咨询与研讨，综合运用地理学、经济学、社会学等多学科知识，应用跨学科综合研究方法和决策分析方法对村域发展历程、影响因素及其作用机制、问题诊断等进行客观评判、综合分析、科学提炼。

1.5.4　总体框架

本书首先揭示我国村域发展与建设的多尺度格局特征，为案例研究的区域选取和区域背景分析提供重要信息。随后的案例研究涵盖了黄淮海典型地区村域发展机理、大城市郊区村域发展的资源环境效应及其优化调控、传统农区农村土地综合整治实践、西部山地丘陵区欠发达乡村对宏观政策转型的响应与效应等内容

（表1-3）。理论解析与案例研究的议题与当前我国农业和农村发展的宏观态势及地方实践结合紧密，研究结果有助于增进我们对不同类型地区乡村发展现状、问题与导向的系统认识，具有较强的现实意义。

表1-3 本书研究的总体内容框架

研究议题	科学问题	研究内容	研究目的	研究区域	研究方法
黄淮海典型地区村域转型发展的特征与机理	相对成功型村域实现转型发展的机理	基于对案例村域过去30年的发展历程、影响因素、共性特征的系统考察，探讨传统农区农业型村域转型发展的过程特征与内在机理	为传统农区的村域转型发展和城乡一体化提供理论参考	河南省郸城县的赤村和王村、山东省禹城市的邢村和夏村、北京市顺义区北村	典型调查、系统分析
大城市郊区村域转型发展的资源环境效应与优化调控	相对成功型村域转型发展的资源环境效应及其调控机制	理论解析村域发展的资源环境效应及其类型；剖析大城市郊区典型村域在"种、养、加、旅"四业协调发展过程中的资源环境效应及其优化调控过程、特征与内在机理	为可持续乡村建设提供理论和案例支撑	北京市顺义区北村	典型调查、系统分析、综合评价、3S技术
传统农区参与式农村土地综合整治的机理与效应	传统农区农村土地综合整治的动力机制	基于座谈、访谈和问卷调查资料，深入剖析案例村域空心村整治的过程、机理、效果、适应性和障碍点，探讨农村空心化过程中传统农区典型村域对乡村资源环境效应的响应机制与成效	为传统农区科学推进空心村整治，实现增地、稳粮、促发展提供参考	河南省郸城县的赤村和王村	典型调查、系统分析
西部山地丘陵区宏观政策转型的地方响应与效应	地方发展主体对宏观政策转型的响应机制与综合效应	基于在案例村域跟踪调查，着重探讨西部大开发政策、退耕还林政策、农业生产支持政策及新农村建设战略的地方响应与效应	为新时期的乡村发展政策创新提供科学参考	四川省隆昌县云顶镇李村	跟踪调查、系统分析

第二章 我国村域发展与建设的多尺度时空格局特征

本章重点利用宏观层面的统计数据探讨我国村域数量动态变化及其省际差异、利用村庄注记点数据和相关地理空间数据揭示典型地区村落分布的空间特征和类型特征、利用城乡建设统计资料分析村庄基础设施建设公共财政投资的省际差异和不同尺度城乡聚落间基础设施建设公共财政投资的差异动态、基于全国分县统计数据揭示我国县域乡村综合发展水平的格局特征。由此,增进我们对我国村域发展与建设的多尺度时空格局特征的了解,为微观案例研究提供宏观层面的区域背景信息。

2.1 村域数量动态变化及省际差异

2.1.1 行政村和自然村数量的动态变化

基于行政村和自然村统计数据,分析近年我国村域数量动态变化及其区域差异。行政村是依据《村民委员会组织法》设立的村民委员会进行村民自治的管理范围,是中国基层群众性自治单位,是我国行政区管理体系中的最小尺度单元。行政村个数即村民委员会的个数。通常,一个行政村往往包括若干自然村,但在极少数情况下也可能是一个大的自然村划分为若干个行政村。受资料限制,目前仅收集到 2007 年以来的行政村数量数据(图 2-1),2007 年时我国有行政村 57.2 万个,近年呈持续减少态势,2013 年仅 53.7 万个,平均每年减少 5736 个。

自然村是由乡村居民长时间在某小尺度区域聚居而自然形成的村落,是乡村人地关系地域系统中人与自然地理环境相互适应、相互影响的结果,是乡村聚落最基本的组成部分。目前,我国许多地方还以自然村作为家庭联产承包责任制的组织管理主体,即作为集体经济组织履行发包方的职能,在农村经济发展过程中仍扮演着重要职能。1990 年以来,我国自然村的数量快速减少(图 2-1),大体可分为两个阶段:一是 1990~2006 年的快速下降期,由 1990 年的 377.3 万个减少到 2000 年的 353.7 万个,并进一步减少到 2006 年的 271 万个,16 年合计减少了 100 万个自然村;二是 2007 年以来的基本稳定期,2007 年为 264.7 万个,

2013 年为 265 万个。

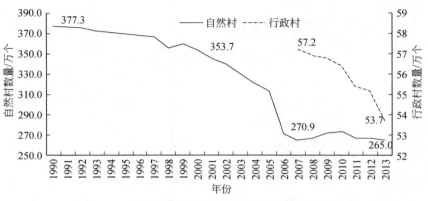

图 2-1　1990 年以来我国自然村和行政村数量的变化
数据来源：《中国城乡建设统计年鉴》（2013 年）

2.1.2　行政村和自然村数量变化的省际差异

基于 2007～2013 年全国分省数据，分析行政村和自然村数量的省际变化差异（表 2-1）。全国行政村数量较多的省区是山东、四川、河北、河南，2013 年时分别高达 6.41 万、4.24 万、4.19 万和 4.16 万个；2007～2013 年，行政村数量减少较多的山东、湖南、河南、浙江、安徽，分别减少 7863、4476、3904、3143 和 3097 个，减少幅度较大的是天津、安徽、浙江、重庆、山东和湖南，减幅分别达 20.50%、17.87%、12.71%、11.03%、10.92% 和 10.53%。自然村数量较多的省区是四川、安徽、河南、广西、江西、广东、湖南，2013 年自然村数量分别高达 25.33 万、22.23 万、18.91 万、18.13 万、16.39 万和 15.11 万个；2007～2013 年减少较多的是安徽、江苏、湖北、河南、贵州，分别减少 3.76 万、3.66 万、3.46 万、1.36 万和 0.72 万个，减幅较大的分别是江苏、新疆、湖北、上海、安徽，分别为 20.82%、20.23%、19.38%、14.82% 和 14.47%。

表 2-1　2007～2013 年我国各省行政村和自然村数量变化

	行政村						自然村					
	数量/个		变化量/个		变化度/%		数量/个		变化量/个		变化度/%	
	2007 年	2013 年	变化	排序	幅度	排序	2007 年	2013 年	变化	排序	幅度	排序
北京	3697	3758	61	25	1.65	28	4769	4978	209	16	4.38	21
天津	3424	2722	-702	13	-20.50	1	3380	3186	-194	13	-5.74	9

	行政村						自然村					
	数量/个		变化量/个		变化度/%		数量/个		变化量/个		变化度/%	
	2007 年	2013 年	变化	排序	幅度	排序	2007 年	2013 年	变化	排序	幅度	排序
河北	41372	41891	519	30	1.25	24	59548	61281	1733	19	2.91	17
山西	28166	27585	−581	15	−2.06	19	49064	46043	−3021	8	−6.16	8
内蒙古	10470	9970	−500	17	−4.78	14	37465	40720	3255	21	8.69	28
辽宁	10885	9879	−1006	11	−9.24	7	50719	49097	−1622	10	−3.20	11
吉林	8966	9108	142	26	1.58	26	38702	38751	49	14	0.13	14
黑龙江	9651	8827	−824	12	−8.54	9	34789	35515	726	17	2.09	16
上海	1742	1617	−125	21	−7.18	11	30240	25758	−4482	6	−14.82	4
江苏	15868	14549	−1319	9	−8.31	10	175731	139143	−36588	2	−20.82	1
浙江	24724	21581	−3143	4	−12.71	3	88755	86984	−1771	9	−2.00	12
安徽	17331	14234	−3097	5	−17.87	2	259880	222276	−37604	1	−14.47	5
福建	12446	12949	503	29	4.04	29	61141	65234	4093	22	6.69	25
江西	17344	16842	−502	16	−2.89	18	153455	163890	10435	28	6.80	26
山东	71980	64117	−7863	1	−10.92	5	83749	87850	4101	23	4.90	22
河南	45539	41635	−3904	3	−8.57	8	200462	189105	−11357	4	−5.67	10
湖北	25398	23661	−1737	7	−6.84	13	178384	143810	−34574	3	−19.38	3
湖南	42524	38048	−4476	2	−10.53	6	146384	151055	4671	24	3.19	18
广东	18162	17571	−591	14	−3.25	17	145084	153621	8537	27	5.88	24
广西	14545	14300	−245	20	−1.68	20	174243	181308	7065	25	4.05	20
海南	3698	3757	59	24	1.60	27	17866	19158	1292	18	7.23	27
重庆	9981	8880	−1101	10	−11.03	4	66934	66531	−403	12	−0.60	13
四川	44040	42438	−1602	8	−3.64	15	241004	253301	12297	29	5.10	23
贵州	17387	17106	−281	19	−1.62	21	98762	91565	−7197	5	−7.29	7
云南	13357	12907	−450	18	−3.37	16	116233	131986	15753	30	13.55	30
陕西	26122	24323	−1799	6	−6.89	12	67130	74282	7152	26	10.65	29
甘肃	15680	15921	241	27	1.54	25	83382	86318	2936	20	3.52	19
青海	3819	4147	328	28	8.59	30	7878	7201	−677	11	−8.59	6
宁夏	2371	2359	−12	23	−0.51	22	12845	13045	200	15	1.56	15
新疆	8732	8691	−41	22	−0.47	23	18899	15076	−3823	7	−20.23	2
兵团	2190	1822	−368	—	−16.80	—	2201	1895	−306	—	−13.90	—
全国	571611	537195	−34416	—	−6.02	—	2709078	2649963	−59115	—	−2.18	—

数据来源:《中国城乡建设统计年鉴》(2007~2013)

城市扩张和撤乡并镇涉及的区划调整、农村自治组织重组和新型社区建设、生态脆弱且极度贫困地区的生态移民是村域数量快速减少的主要原因。当前我国仍处于快速城镇化阶段，城市扩张、区划调整仍将持续一段时期。还有数百万贫困人口居住在生态脆弱、自然灾害频发的区域，生态移民、易地搬迁扶贫工程仍将持续推进。而从我国的农村人地关系来看，农村新型社区建设在许多地区被证明是提高资源利用效率、实现基本公共服务均等化的重要途径，该项工作仍将科学、有序地推进。由此可以预计，我国村域数量在未来一段时期仍将继续减少。但该进程中必须协调好城市发展、乡村建设、古村保护的关系，在保护、传承中实现新型城镇化和乡村现代化。

2.2 村落分布的空间特征和类型特征

2.2.1 行政村数量分布的县域格局

整理全国分县行政村数量数据，并利用 ArcGIS 软件平台进行可视化表达，制作我国行政村数量的县域分布图（图 2-2）。由该图可见，我国分县行政村数量存在明显的区域差异，整体呈现"胡焕庸线"西北片少、东南片多的格局。黄淮海平原、四川盆地、两湖地区、东北平原、浙江、陕北等区域的行政村数量较多。山东、四川、河北、河南四省区的行政村数量位居全国前 4 位，均超过 4 万个，合计多达 19 万个，占全国的 35.38%。平度、诸城、莒县、安丘、曹县、惠民、莘县、新化、沂水、南部等 10 县行政村数量排在全国前 10 位，其中 8 个县市在山东。大体地，行政村数量分布密集的地方，人口分布也较为密集，往往也是我国的粮食主产区。

2.2.2 黄淮海地区村落分布的空间特征

探讨村落分布特征有助于增进对乡村聚落的综合认知，对于认识和指导乡村重构具有积极意义。以人口和村落均较为密集的黄淮海地区为例，整合利用自然村和行政村注记点的空间数据，以及行政区划、道路、水系的高精度矢量数据，着力探讨黄淮海地区乡村聚落的空间分布特征，据此为平原农区的村镇体系优化和乡村空间重构提供有益参考。

1. 数据来源与分析方法

为体现研究区域的行政区划完整性，本书的黄淮海地区为传统意义上的黄淮

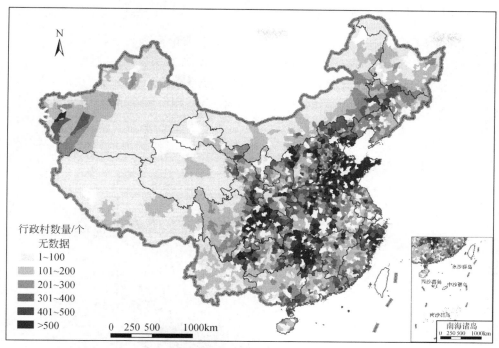

图 2-2　我国行政村数量分布的县域格局

数据来源:《中国县（市）社会经济统计年鉴》(2011 年)

海平原所涉及的 7 个省区之全域，即北京、天津、河北、山东、河南、安徽和江苏七省市的全境。区域范围内既有黄淮海平原农区，也有发展相对滞后的燕山—太行山地丘陵区，还有长江中下游水网农区等，具有明显的地理多样性，更有助于揭示乡村聚落分布的地理学特征。研究中所涉及的 20 万个行政村注记点和 70 万个自然村注记点空间数据，以及各级道路（铁路、高速、国道、省道、县道、乡村道路）、水系（河流、湖泊）数据来自 2014 年 1∶25 万的全国电子地图；各级行政边界矢量数据、DEM 数据来自中国科学院地理科学与资源研究所地球科学数据共享中心。

在分析方法方面，重点应用地理学的经典方法进行乡村聚落分布特征研究。具体地：①基于 ArcGIS 的空间表达功能绘制乡村聚落各类指标的空间分布图；②基于平均最近邻方法测度乡村聚落分布的集聚特征；③基于多距离空间聚类方法（Ripley's K 函数）分析乡村聚落分布的多尺度集聚特征；④基于近邻分析工具计算和探析聚落分布与交通、水系等线状要素的耦合关系。主要采用 ArcGIS 软件平台进行数据库的建立、管理和分析。

2. 村落分布的密度特征

以乡镇地域范围内每 $100km^2$ 的自然村注记点数量来刻画乡村聚落的密度分布情况；以各乡镇包括的行政村数量来分析基层管理层级特征。

由自然村的密度分布图可见（图 2-3），乡村聚落的空间分布存在明显的空间差异，京津、河北及山东的大部，自然村落密度相对较小，每 $100km^2$ 的自然村落数多低于 80 个，而南部省区如江苏、安徽及河南豫东地区自然村落的密度较大。整体而言，华北平原农区的自然村落密度较小，南部山地丘陵区及长江中下游水网农业区的村落小而多、密度较大。

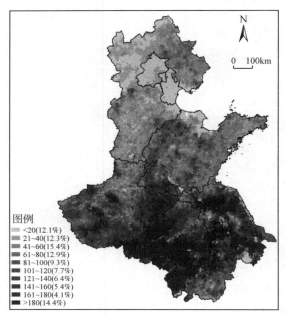

图 2-3   自然村的密度分布

从各乡镇所辖的行政村数量来看，黄淮海七省区合计约 7000 个乡镇，辖 20 万个行政村和 70 万个自然村，平均每个乡镇管辖行政村约 30 个。空间统计结果发现（图 2-4），乡镇所辖行政村数量的区域差异明显，山东、安徽许多乡镇所辖行政村数量超过 100 个。乡镇级政府管理的村级单位过多，在一定程度上增加了垂直管理的难度，有必要适度优化乡村地区的组织结构。

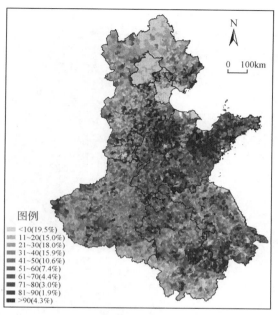

图 2-4　各乡镇所辖行政村的数量

3. 村落分布的集聚特征

基于最近邻指数分析乡村聚落分布的集聚特征①。将最近邻指数（ANNI）介于 0.95～1.05 时定义为随机分布，则分组统计如下图所示（图 2-5）。从自然村分组统计结果可见，70 余万个自然村注记点中，72.8% 趋于集聚分布，23.4% 趋于随机分布，仅 3.8% 趋于均匀分布；从行政村的分组统计结果可见，67.6% 的行政村趋于集聚分布，27.0% 趋于随机分布，仅 5.43% 趋于均匀分布。整体来看，乡村聚落分布并非均匀分布于地表，而是受自然、历史和社会经济等诸多因素的影响，在空间上呈显著的集聚状态。这为充分利用其集聚机制进而促进乡村空间重构提供了便利。

———————

① 从统计学的角度，地理现象或事件出现在空间任意位置都是有可能的。如果没有某种力量或者机制来"安排"事件的出现，那么分布模式最有可能是随机分布的，否则将以规则或者聚集的模式出现。ArcGIS 软件平台提供的最邻近距离法首先计算相邻的村庄点对之间的平均距离，然后与随机模式之间相似性进行比较，如果观测模式的最邻近平均距离大于随机分布的最邻近距离（ANNI 值>1），观测点趋于均匀分布；如果观测模式的最邻近距离小于随机分布模式的最邻近距离（ANNI 值<1），则趋向于聚集分布；如果二者近乎相等，则可理解为随机分布。

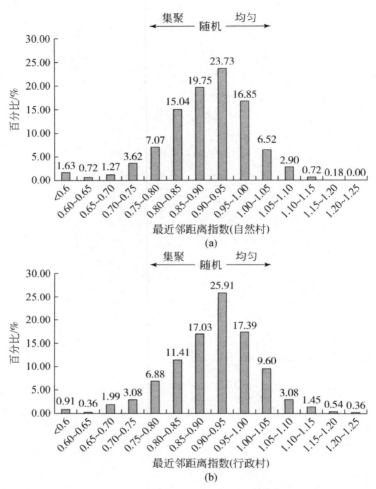

图 2-5 村落平均最近邻距离分组统计

4. 乡村聚落分布的区位特征

基于 ArcGIS 的空间统计分析功能，计算和分析乡村聚落与海拔、交通、水系的地理联系。由图 2-6 可见，70 余万个自然村落中，54.8% 的分布在海拔低于 50m 的平原地区，所在地海拔高于 500m 的自然村落仅占 7.9%；在 20 万个行政村中，59.2% 分布在海拔低于 50m 的平原地区，所在地海拔高于 500m 的行政村仅占 3.8%。这与黄淮海地区整体上地势低平有密切关系。

借助矢量化的高精度水系数据，分析乡村聚落分布与河流、湖泊的地理邻

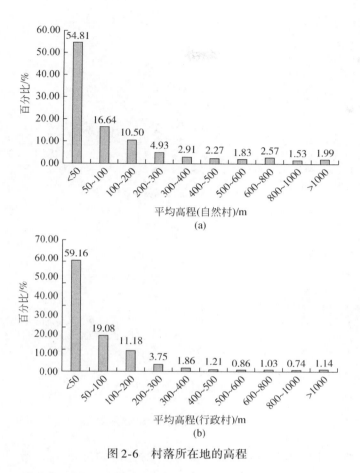

图 2-6　村落所在地的高程

近性。由图 2-7 可见，27.2% 的自然村与水系的距离低于 1km，65.3% 的自然村与水系的距离低于 5km；33.4% 的行政村与水系的距离低于 1km，69.8% 的行政村与水系的距离低于 5km；整体而言，黄淮海地区乡村对水的邻近性也相对较好。然而，由于黄淮海地区社会经济系统对水资源的需求量巨大，华北平原地下水过度开采严重，地表水系的径流量可能已经远低于聚落发育历史初期；而长江中下游苏皖地区的乡村地域大多水网密集但由于污染排放强度大，水体污染问题突出。聚落发育、发展与水资源的分布、质量之交互作用有待进一步研究。

结合矢量化的高精度交通道路数据，分析乡村聚落分布与交通的地理邻近性。黄淮海地区以平原为主且经济相对发达，改善道路交通条件的成本更低、能力更强，是我国路网最为密集的区域，乡村聚落的整体交通条件较好，具有较高

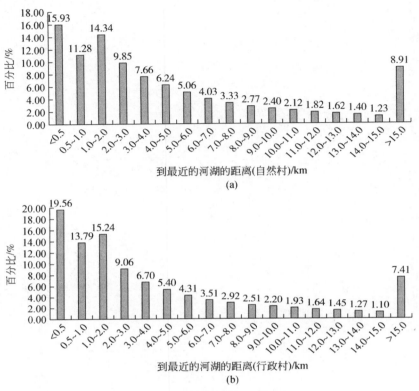

图 2-7　村落到最近的河流/湖泊的距离

的道路连通性。由图 2-8 可见，67.5% 的自然村落和 75.8% 的行政村，到最近的通车道路的距离低于 1km，仅 5.3% 的自然村落和 2.6% 的行政村，到最近的通车道路的距离高于 3km。乡村聚落的分布与发展对交通条件有较高的依赖性，对于交通欠发达区域而言，可以尝试交通引导下的乡村重构模式。

2.2.3　黄淮海地区村落分布的类型特征

农村居民点一般可分为两种空间形态：一种是住宅聚集在一起的集聚型村落；另一种是住宅零星分布的散漫型居民点（金其铭，1988）。黄淮海地区农村居民点的空间形态大多为第一种。从现实分布来看，集聚型村落主要分为三类（图 2-9，彩图 2-9）：①团状集聚型。村庄平面形态多呈现近于圆形或不规则的多边形，大多呈现轴对称特征。这种村庄分布在传统平原地区，位于耕作半径的中心或近中心。这种形态在黄淮海地区分布较为广泛。②带状集聚型。村庄平面

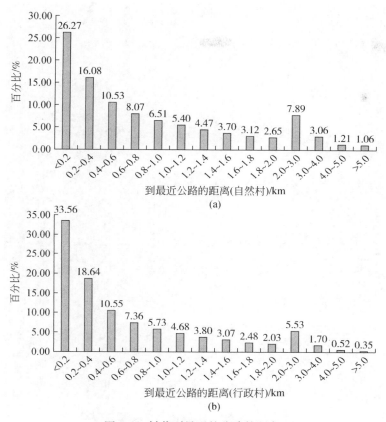

图 2-8 村落到最近的公路的距离

形态多呈长条形或带状，有沿山谷、道路、湖泊等多种情形。沿轴线串联多个村庄，村庄首尾相连，呈串珠状。在山谷地区，受地形因素影响，村庄发展沿山谷呈带状分布；沿道路分布能够方便与外界沟通，在平原地区的村庄也会沿道路布局；湖泊在村庄发展中起到了提供水源、食物和工作场所的作用，在发展过程中也会出现沿湖岸呈串珠分布格局。黄淮海地区沿山谷分布的带状聚落较为常见。③环状集聚型。在山区或者河湖地区，村庄环山或环湖分布，也是串珠状及条带状聚落的一种。但相较而言，这在黄淮海地区并不常见。

2.2.4 现状格局视域下的乡村重构探讨

黄淮海地区乡村聚落分布总体具有如下特征：①在乡镇尺度，乡村聚落分布特征呈现明显的空间差异，苏皖地区的自然村落密度较大，大部分省区的乡镇级

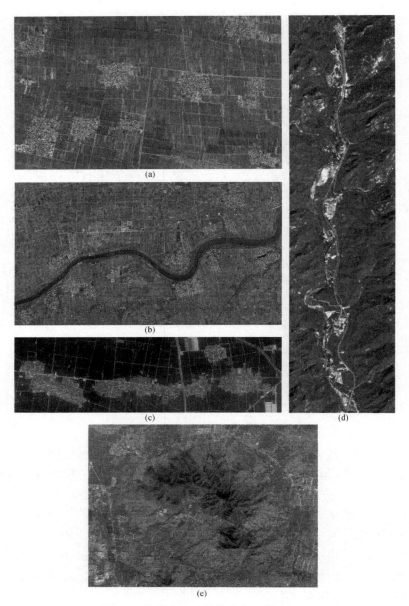

图 2-9　黄淮海地区村落分布的典型格局

注：影像来自 Google Earth；（a）为平原地区团状分布型聚落（河北省深州市王家井镇羊窝村、西李秋村、东李秋村、王章市村、马栏井村、羊窝乡窦王庄村、辛集市和睦井乡散思台村等）；（b）为平原地区沿河带状分布型聚落（山东省沾化区黄升镇商家村、潘家沟村、魏家庙村、东姜村、颜家口村、郭王庄村、白家村、泊头镇岳家道口村等）；（c）为平原地区沿路带状分布型聚落（河南省鹿邑县辛集镇杨寨村、北刘庄、大尚村等）；（d）为沿山谷和道路带状分布型聚落（北京市怀柔区怀北镇冷水峪村、椴树岭村等）；（e）为浅山区沿山脚线环状分布型聚落（山东省济南市长清区五峰山镇徐南山村、北宋庄村、马山镇东洋河村、宋庄村等）

政府所辖行政村数量普遍较多；②在县域尺度，乡村聚落分布的平均最近邻指数多小于1，呈现明显的集聚分布特征；③就聚落尺度的分布模式而言，分散、细碎、小规模的问题突出；④绝大部分乡村聚落分布在低海拔平原地区，与现状水系和各级道路具有较好的邻近性。

上述乡村聚落分布特征大大增加了城乡基本公共服务均等化和乡村聚落集约、集聚发展的难度。新时期的城乡转型发展、乡村空间重构以及村镇建设，应充分考虑当前乡村聚落格局特征。村落现状格局视域下的乡村重构可着重从如下方面开展：①组织整合，在村民自治的基础框架下，加强村级组织整合与重构，提升乡镇级政府的基层治理能力，以组织整合助推乡村重构。②设施引导，以基本公共服务的中心化、集聚化供给为政策杠杆，因地制宜、分布推进，引导社会要素、住房投资的空间集聚，促进农村中心社区、村镇的发展，进而重构乡村空间。③产业融合，大力扶持乡村地域特色产业的集聚化、集群化发展，以产业的有机联结与融合促进乡村要素的优化重组，为乡村重构夯实产业基础。④空间再造，在经济实力强、村民意愿高、增地潜力大的有条件的地区，科学开展空心村整治与新社区建设，通过农村土地综合整治重塑乡村空间。需强调的是，聚落的形成、演化是一个长期的过程，乡村重构需立足长远、科学谋划，不能急于求成。

受统计制度的影响，我国乡村聚落层面的社会经济数据严重匮乏，本节仅利用村落注记点数据和主要地理信息数据进行了黄淮海地区乡村聚落分布特征的初步分析，尚未从人地规模、等级体系等角度进行聚落的深入研究。可进一步开展基于遥感数据、人口普查数据、环境监测数据等多源数据的整合研究，深入分析聚落及其体系的演化格局、过程、机理与效应，进而为新时期村镇建设与发展提供更为直接、有效的数据方法支撑和科学决策参考。

2.3 村庄基础设施建设公共财政投资的区域差异

村镇公共基础设施建设是实现城乡基本公共服务均等化和城乡等值化发展的重要举措，是构建村镇建设格局的重点内容。揭示其发展动态、差异格局、区域类型及城乡差距，可为新时期的村镇公共基础设施供给决策提供重要参考。本节重在探讨我国省区间村庄基础设施建设公共财政投资的省际差异，以及不同尺度城乡聚落间基础设施建设公共财政投资的差异及其动态。所需数据来自住建部发布的城乡建设统计资料。鉴于指标的年际连贯性和可比性，格局分析的研究时段为2007~2013年，时序分析的研究时段为2001~2013年，可基本反映21世纪以来特别是2005年十六届五中全会提出全面建设社会主义新农村以来村庄和城乡基础设施建设公共财政投资总体情况。

2.3.1 村庄基础设施建设公共财政累计投资的省际差异

利用省级数据，计算 2007~2013 年各省区村庄基础设施建设中公共财政的累计投资，并按投资建设类型进行结构分解。由图 2-10 可见，大体呈现"东高西低""南高北低"的特点。从投资建设类型来看，绝大多数省区仍处于基础设施建设的前期阶段，道路桥梁建设和供水设施建设的投资比重普遍较大。北京和天津在环境卫生和园林绿化方面的投资比重较高，已进入基础设施建设的新阶段。整体而言，受省区社会经济实力、乡村地形地貌特征等因素的影响，我国村庄基础设施建设公共财政累计投资的省际差异明显。

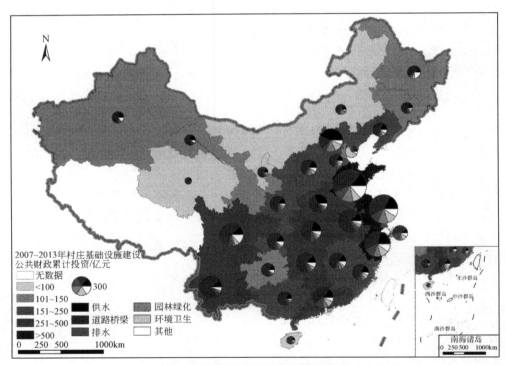

图 2-10 村庄基础设施建设公共财政累计投资及其结构

基于各省区 2007~2013 年累计投资和 2013 年乡村常住人口，计算村庄基础设施建设公共财政累计投资的人均数额，反映各省区公共财政对村庄基础设施建设的资助强度。如图 2-11 所示，公共财政在村庄基础设施建设方面的人均资助强度同样呈现极为明显的区域差异。北京、上海、天津位居前三，人口相对更少的宁夏及经济相对发达的浙江、江苏、山东等地投资强度也较大，而人口较多、经济欠发达的河北、河南及西南山区的广西、贵州等省区投资强度较低。全国平均投资强度为 1287 元/人，有 17 个省区低于此水平，前五个省区均超过 2500 元/人，后五个省区均低于 700 元/人。

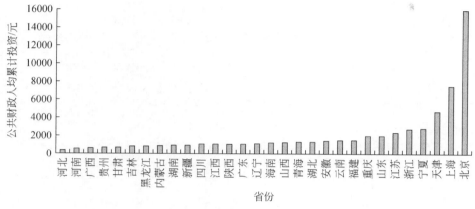

图 2-11 村庄基础设施建设公共财政人均累计投资

2.3.2 公共基础设施建设财政投资的城乡差异动态

整合利用村、乡、镇、县城、城市的基础设施建设投资数据，分析公用设施建设投资的时序变化特征及城乡差距情况。由图 2-12 可见，2000 年以来，城乡人均公用设施投资均在不断增加，但城乡差距持续存在。2008 和 2013 年城乡人均公用设施投资的对比情况如图 2-13 所示。村庄、乡、建制镇、县城和城市的人均公共基础设施投资存在明显差距，城市人均基础设施投资甚至是村庄人均基础设施投资的 20 倍。2008 年和 2013 年，其比例相对稳定，仅 2013 年时县城的人均投资有所提高，反映了县级政府在城关镇建设方面的投入力度明显加大。整体来看，应进一步加大村镇基础设施建设的投资力度。

2.3.3 因地制宜加强乡村地区公共基础设施建设

鉴于公共基础设施投资的区域差异明显、城乡差异突出，应进一步加强不同类型地区村镇基础设施建设，切实提高基本公共服务在广大乡村地区的覆盖面，着力实现城乡基本公共服务均等化。相关思考与启示如下：①建设原则。当前我国各省区村镇公共基础设施建设总体水平参差不齐，短缺类型也存在明显的区域

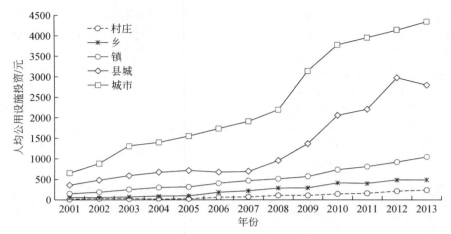

图 2-12　2001～2013 年人均公用设施投资的时序变化

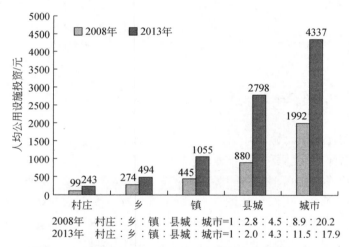

2008年　村庄：乡：镇：县城：城市=1：2.8：4.5：8.9：20.2
2013年　村庄：乡：镇：县城：城市=1：2.0：4.3：11.5：17.9

图 2-13　2008 年和 2013 年人均公用设施投资的城乡差距

差异。公共基础设施建设投资大，牵涉面广，不能"大干快上""一刀切"，应充分体现因地制宜、分步实施、主次有别的原则。②建设模式。应逐渐从"自上而下"和"项目主导"的传统模式，向"自下而上"与"自上而下"相结合的参与式转变，充分发挥村镇社区居民的积极性、降低运行成本，切实实现"雪中送炭"而非"锦上添花"。可广泛尝试采取政府购买服务的方式，推进基础设施供给模式的多元化。③资金筹措。当前，村镇区域的公共基础设施建设人均投资远低于城市，并且以基层本级投资为主。乡镇驻地具有较强的中心性，是乡村发展的增长极，而其本身并不具备足够、独立的财力进行基础设施建设。由此，在资金筹措和成本控制方面，应大力加强公共财政投资，可采取财政拨款为主、居民适当分摊、倡导社会扶助等多种方式，整合相关资金。④绩效评估。加强村镇基础设施建设的绩效评估工作，以提高资金使用效率，切实把有限的资金用到实处，严防过度建设。⑤加强研究。基于大量调查研究论证村庄基础设施供给的基线标准、投入阈值及其来源结构，梳理提炼村庄基础设施供给的区域优化模式。

2.4 县域乡村综合发展水平的格局特征

2.4.1 评价方法及数据来源

乡村发展是一个综合的概念，可视为特定乡村地域系统经济稳定增长、社会和谐进步、环境不断改善、文化接续传承的良性演进过程。乡村发展内涵的丰富性决定了评价乡村发展水平需要综合性指标。由于目前我国在村域尺度主要社会经济指标的调查统计和数据共享制度还极不完善，难以获取全国 50 多万个行政村的主要社会经济指标，难以从空间上系统分析村域经济发展的差异性。本节简以县域为单元，分析县域乡村综合发展水平，在县域尺度部分揭示村域经济发展水平的差异格局，进而增进对乡村发展格局的认知。

考虑到县域数据资料的可获得性，本章选取表 2-2 所示 6 项指标，从经济发展水平、农业劳动生产率、地方政府财政能力、农民收入水平、居民储蓄水平和信息化程度 6 个维度来综合评价县域乡村发展水平。具体评价方法为：首先采用极差标准化方法对各县域的前述 6 项指标进行标准化，然后通过专家打分法得到前述 6 项指标的各自权重，最后加权汇总计算各县域乡村发展水平的综合评价值（RDL_{ij}），并基于该综合评价值与全国平均值（MSRDL）和标准差（SDRDL）将其分为发达乡村（Ⅳ类，$RDL_{ij} \geqslant$ MSRDL+SDRDL）、较发达乡村（Ⅲ类，MSRDL $\leqslant RDL_{ij} <$ MSRDL+SDRDL）、欠发达乡村（Ⅱ类，MSRDL-SDRDL$\leqslant RDL_{ij} <$MSRDL）和不发达乡村（Ⅰ类，$RDL_{ij} <$MSRDL-SDRDL）。

本章着力探讨 21 世纪以来的中国县域乡村发展格局，具体时间为 2000 年和2008 年，所需数据来自相应年份的《中国县（市）社会经济统计年鉴》和《中国区域经济统计年鉴》。由于时间跨度大、县域单元多，难免部分省市或县域单元某个年份某项指标数据存在缺失，尤其是 2000 年的分县数据。此外，数据整理中也发现部分指标数值存在问题。为此，基于各省（自治区、直辖市）统计年鉴和中国自然资源数据库对部分缺失值和异常值进行补充与修正，最终获得1870 个县域单元（主要为县和县级市）的完整资料，并基于 ArcGIS 软件平台建立空间数据库，以进行空间查询和可视化分析。

表 2-2　县域乡村发展水平评价指标

指标类别	指标	计算方法	指标说明	指标权重
经济发展水平	人均 GDP	地区生产总值/年末总人口	正向指标	0.17
农业劳动生产率	农业劳均增加值	第一产业增加值/农林牧渔业从业人数	正向指标	0.12
地方政府财政能力	人均地方财政收入	地方财政预算收入/年末总人口	正向指标	0.13
农民收入水平	农民人均纯收入	—	正向指标	0.31
居民储蓄水平	城乡居民人均储蓄存款余额	城乡储蓄存款余额/年末总人口	正向指标	0.15
信息化程度	每万人电话数	固定电话用户数/年末总人口	正向指标	0.09

2.4.2　乡村发展水平的格局特征

我国县域乡村发展水平差异明显，且低于平均发展水平的滞后型乡村数量比高于平均发展水平的发达型乡村的数量更多（图 2-14 和图 2-15）。2008 年时，Ⅳ类发达乡村、Ⅲ类较发达乡村、Ⅱ类欠发达乡村和Ⅰ类不发达乡村分别占 1870个县域的 13.42%、28.45%、45.67% 和 12.46%，即有 58.13% 的县域乡村发展水平低于全国平均水平。以农民人均纯收入为例，1870 个县域中最高值是最低值的 16.23 倍，排名前 10% 的县域其均值是排名后 10% 的均值的 4.25 倍。格局特征主要如下：

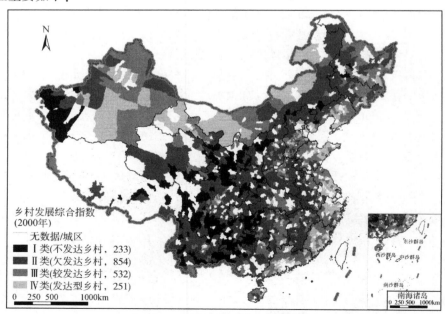

图 2-14　2000 年县域乡村综合发展指数

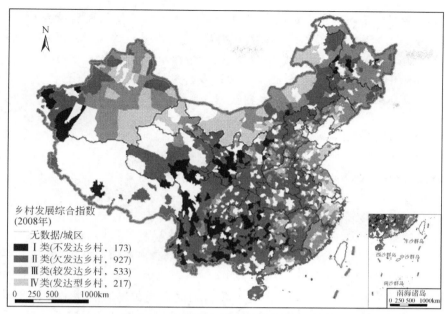

图 2-15　2008 年县域乡村综合发展指数

（1）乡村综合发展水平高于全国平均值的县域主要分布在东部沿海地区以及内蒙古和新疆的部分地区，在我国版图上总体呈"7"型分布。东部沿海地区481 个县市中，342 个县市乡村发展高于全国平均水平，133 个县市属Ⅳ类发达型乡村，占全国该类发达型乡村数量的 61.29%；内蒙古 71 个县市有 43 个高于全国平均水平，22 个属Ⅳ类发达型乡村；新疆天山北坡地区也有 10 余个县市乡村发展高于全国平均水平。

（2）中西部内陆区乡村发展水平明显滞后。东部十省（自治区、直辖市）、东三省以及内蒙古和新疆以外的 16 个省份合计 1106 个县域，有 861 个县域乡村发展低于全国平均水平，占全国Ⅰ类和Ⅱ类滞后性乡村总数（1100 个）的78.27%；其中 158 个为综合发展水平严重滞后的Ⅰ类不发达型乡村，主要分布在西南地区及"胡焕庸线"附近的生态脆弱区，地形特征全部为丘陵或山区，分别占比 8.86% 和 91.14%。结合铁路、高速公路和国道等道路交通网络图可发现，交通通达性差是其共性特征。

（3）内陆的大城市尤其是省会城市周边县域乡村综合发展程度往往也高于全国平均水平。如邻近京九线和京广线两大南北交通大动脉的郑州、武汉、长沙、南昌等城市周边就聚集了中西部内陆地区的绝大部分发展程度高于全国平均水平的Ⅲ类、Ⅳ类发达型乡村，此外，西南地区成都、重庆周边也聚集了近 20个Ⅲ类、Ⅳ类发达型乡村。

（4）沿海省区内部也存在发展水平低于全国平均水平的滞后型乡村。尽管沿海省区社会经济总体相对发达，但区域内部也存在着一些乡村发展相对滞后的县域。例如，广东省内陆山区集中分布着 20 余个 II 类欠发达乡村县域；浙江与福建交界的山区分布着近 10 个 II 类欠发达乡村县域；河北南部山区、北部环京津地区分布着 60 余个 II 类欠发达乡村县域。

2.4.3 乡村发展水平的时空变化

叠加 2000 年和 2008 年的综合评价结果，分析乡村发展水平的时空变化（表 2-3）。主要呈现如下特征：

（1）不发达乡村数量有所减少。2004 年以来以粮食直补、取消农业税、新农村建设等系列惠农政策的出台为表征的乡村政策转型，以及西部大开发、中部崛起战略的持续推进，在部分程度上促进了乡村发展严重滞后区域的发展。I 类不发达乡村数量由 2000 年的 233 个减少到 2008 年的 173 个，减少了 25.75%，98 个县域乡村发展水平由 I 类不发达类型升格为 II 类欠发达类型，但与此同时，也有 39 个 II 类欠发达类型退格为 I 类不发达类型。由此可见，推进落后地区乡村发展势必是一个长期而艰巨的过程。

（2）南方沿海部分县域乡村发展减速。南方沿海的广东和福建两省发展水平类型退格明显：广东省有 25 个县域乡村发展水平由 III 类退格为 II 类，有 13 个县域由 IV 类退格为 III 类；福建省有 5 个县域乡村发展水平由 III 类退格为 II 类，有 18 个县域由 IV 类退格为 III 类。农业劳动生产率和农民收入水平增长滞后是直接动因，而深层次的原因在于对农业的不够重视和外向型制造业发展趋缓。广东省县域农民人均纯收入、农业劳动生产率的增幅仅为同期东部十省区平均增幅的 55.65% 和 42.58%；福建省的这两个比值则分别为 90.99% 和 84.09%。发达地区的欠发达县域乡村发展应引起足够的重视。

表 2-3 乡村发展水平变化的转移矩阵

2000 年	2008 年				2000 年合计	转出
	不发达型（I 类）	欠发达型（II 类）	较发达型（III 类）	发达型（IV 类）		
不发达型（I 类）	134	98	1	—	233	99
欠发达型（II 类）	39	683	124	8	854	171
较发达型（III 类）	—	142	352	38	532	180
发达型（IV 类）	—	4	76	171	251	80
2008 年合计	173	927	553	217	1870	
转入	39	244	201	46		530

2.5 小 结

（1）我国行政村数量空间分布整体呈现"胡焕庸线"西北片少、东南片多的格局。行政村数量分布密集的地方，往往是人口密集区、粮食主产区。近年行政村和自然村的数量均呈快速减少态势，城市扩张和撤乡并镇涉及的区划调整、农村自治组织重组和新型社区建设、生态脆弱且极度贫困地区的生态移民是主要原因。我国村域数量在未来一段时期仍将继续减少，该进程中应协调好城市发展、乡村建设、古村保护的关系，在保护、传承中实现新型城镇化和乡村现代化。

（2）黄淮海地区乡村聚落分布特征呈现明显的空间差异和集聚分布特征。绝大部分乡村聚落分布在低海拔平原地区，与现状水系和各级道路具有较好的邻近性。分散、细碎、小规模的聚落分布模式加大了城乡基本公共服务均等化和乡村聚落集约、集聚发展的难度。乡镇级政府所辖行政村数量普遍较多，不利于垂直管理，有必要适度优化组织结构。新时期的城乡转型发展、乡村空间重构以及村镇建设，应充分考虑当前乡村聚落格局特征，立足长远、科学谋划、审慎推进。

（3）村庄基础设施建设公共财政累计投资的省际差异大体呈现"东高西低""南高北低"的特点。绝大多数省区仍处于基础设施建设的前期阶段，道路桥梁建设和供水设施建设的投资比重普遍较大。2000年以来城乡人均公用设施投资均不断增加，但城乡差距持续存在。村庄、乡、建制镇、县城和城市的人均公共基础设施投资存在明显差距且近年基本稳定，2013年其比值为1：2.0：4.3：11.5：17.9。应进一步加大村镇基础设施建设的公共财政投资力度。

（4）我国县域乡村综合发展水平高于全国均值的县域主要分布在东部沿海地区及内蒙古和新疆的部分地区，在版图上总体呈"7"型分布。中西部内陆区乡村发展水平普遍滞后，但大城市周边县域乡村综合发展水平略高。不发达型乡村主要分布在西南地区及"胡焕庸线"附近的生态脆弱区，交通通达性差是其共性特征。沿海省区内部也存在发展滞后型乡村。近年，不发达乡村数量有所减少，南方沿海部分县域乡村发展减速。发达地区的欠发达县域乡村发展也应引起重视。

（5）上述分析从多个层面揭示了当前我国村域建设与发展的多尺度格局特征，其空间差异性决定了乡村发展政策的制定不能"一刀切"，要因地制宜，而乡村转型与创新发展实践更应充分考虑地方特性。对本章研究结果而言，探讨村域发展机理与资源环境效应时有必要选取不同类型区域的典型乡村进行实证调研和综合分析，由此获得更为丰富和全面的感性认识和理论认知。

第三章 黄淮海典型地区村域转型发展的特征与机理

本章基于对黄淮海平原 3 个典型县区内 5 个代表性村域在过去 30 年的发展历程及影响因素的系统考察，探讨传统农区农业型村域转型发展的过程特征与内在机理。研究发现案例村域转型发展过程的共性特征包括：重视民众参与；以能人为关键主体，着力实现内发动力与外发动力的统筹协调；日益重视抢占产业价值链的高附加值环节；创新是村域发展的力量源泉；战略、规划及行动力是村域发展的重要支撑；村域发展是一个自组织、网络化的动态过程。其内在机理可归纳为：村民是村域发展的主体，能人是村域发展的核心因素，能人基于对村域自身资源禀赋、发展意愿、市场供需、政策导向、外域经验的洞察，着力激发内部动力、整合外部动力，共同构建协作组织、开展学习创新、制定发展战略、发展社会分工、参与市场竞争，切实推进村域自然–生态结构、技术–经济结构、制度–社会结构的优化，进而促进村域转型发展。

3.1 引 言

村域是我国农村社会经济活动的基本单元，承载着农村家庭联产、乡村企业生产、农民日常生活、农村社区发展等诸多农村居民的生产、生活行为，具有生活性、生产性和生态性的综合特征。当前，村域是解决"三农"问题的主战场、建设新农村的主阵地，应十分注重改善村域发展制度环境、增强村域自我发展能力，促进村域"社会–经济–生态"系统高效、健康运行。尽管改革开放以来中国农村发展的成效斐然，但村域发展仍普遍滞后于城镇发展。即便如此，也涌现出了一大批经济发展快、社区建设好、生活品质高的村域。由此引发系列科学问题：村域发展存在巨大差异的原因何在；发展相对较好的村域，其成功经验是什么，面临哪些问题，今后如何持续发展；发展相对滞后的村域，其主要制约因素是什么，实施什么样的政策与战略更能促进发展转型；发展较好的村域同周边村域的相互作用如何，怎样实现联动式发展，等等。开展不同类型区村域发展机理的系统研究可为上述问题提供更好的答案。

村域发展是在一定的村镇空间结构体系下，村域系统农业生产发展、经济稳定增长、社会和谐进步、环境不断改善、文化接续传承的良性演进过程。村域转型发展是指村域发展主体基于村域系统内外部环境条件的变化，对村域发展的体制机制、运行模式和发展战略进行动态优化调整和创新，实现由旧的发展模式向新的符合当前时代要求的发展模式转变的过程。村域发展机理即村域系统在其发展、演化过程中，内外部相关要素间相互作用的过程、方式和规律。深入探讨村域转型发展的过程特征及内在机理，对于全面把握村域发展的关键要素及其作用关系、深刻认识村域发展基本规律，进而适当通过来自外部的制度安排与政策引导推动村域发展具有重要价值。当前，国内外学者已在相关领域开展了大量研究：①在农村发展理论层面，战后的农村发展理论大致经历了外生式、内生式和综合式三阶段变迁（Terluin，2003），外生式农村发展理论强调外部因素对农村发展的作用（Ilbery and Bowler，1998；Slee，1994），内生式农村发展理论认为农村区域的发展主要由其自身推动，更多地依赖于地方资源的有序开发（Ray，1998；Lowe et al.，1995），综合式农村发展理论则强调控制区域发展过程的内外部力量的相互影响（Amin and Thrift，1995；Murdoch，2000；van der Ploeg and Marsden，2008；Marsden，2010）。②在中尺度区域农村层面，有学者从制度厚度、资源禀赋、当地社区的能力等视角探讨和验证区域农村转型发展的机理（Binns and Nel，2003），也有学者从内生性、市场管制、新制度安排、社会资本、新颖性等角度展开理论和实证研究（Marsden，2010）。国内关于区域农村发展机理的论述，较早见于费孝通对苏南、温州等地农村发展模式的研究之中。随后进入低谷期，而近年又逐渐开展（吴传钧，2001；张富刚和刘彦随，2008；周应恒等，2010；李小建等，2008；陈晓华，2008）。③在小尺度的村域层面，村域社会经济变迁是地理学、经济学、社会学、政治学关注的重点（张小林，1999；狄金华，2009；邓大才，2010），学者对制度环境、技术进步等系列因素对村域经济类型分化的作用进行了理论解析（乔家君，2008），对农区专业村形成与演化机理进行了理论研究与实证分析（李小建等，2009；刘婷和李小建，2009），对长三角等东部沿海地区典型村域经济社会转型展开了大量探讨（苑鹏，2004；车裕斌，2008；方湖柳，2009；王景新和赵旦，2009；朱华友，2007），对村域发展差异进行了定量研究（Rozelle and Boisvert，1995；Sato，2010；Yılmaz et al.，2010），基于典型村域调查揭示了当前我国的农村空心化现象及其机理（刘彦随等，2009a；龙花楼等，2009；Long et al.，2012）。总体来看，国外的研究重视单个案例的深度剖析或多个案例的比较分析，国内当前关于村域发展机理的研究注重对发达地区、工业化带动型村域发展历程及产业经济效果的剖析，而对欠发达地区尤其是旅游资源、矿产资源、地理区位相对欠佳的传统农区村域发展机理的研究还相对较少，不同类型区村域发展机理研究仍有待进一步开展。

村域发展研究应当立足于特定的区域背景。黄淮海地区是我国传统农区的典型，肩负着国家粮食安全重任，但长期以来在城乡二元结构体系、资源环境约束和非农产业发展滞后等因素的综合影响下，乡村发展仍普遍滞后（李裕瑞等，2011）。本章拟在该区域背景下，选取不同发展类型的县区开展面上调查，然后在各县区甄选一两个能够代表该县区农村现实特征、主要问题及发展方向的发展相对较好的村域进行重点考察，明晰各案例村域发展的动态过程，梳理其影响因素，归纳总结村域转型发展的共性特征和内在机理，并据此得出有关启示，力图深化乡村地理学微观研究、增进对农区运行机制的认识，进而为新时期的村域发展实践提供理论和案例参考。

3.2 研究区域、数据来源与分析方法

黄淮海地区在行政上包括山东省全部，北京市、天津市、河北省和河南省的大部，安徽与江苏二省的淮北地区，合计 300 余个县、区，总面积超过 40 万 km²，人口总量超过 2.1 亿，区内县域乡村发展的地域差异明显（李裕瑞等，2011）。考虑县域乡村发展水平及类型差异，选取河南省郸城县、山东省禹城市、北京市顺义区作为案例研究县域（图 3-1）：①郸城县地处黄淮海平原南缘，乡村发展相对滞后，属传统农业主导下的严重欠发达型乡村，基于面上调查和论证筛选拟重点剖析该县赤村和王村的发展历程、机理，尤其是对社会经济政策和资源环境问题的响应，可为"空心村整治—新农村建设"提供参考。②禹城市地处鲁西北传统农区，近年农业产业化发展迅速，属农工业主导的中等发达型乡村，基于面上调查和论证筛选拟重点剖析夏村和邢村农业产业发展历程及机理，可为传统农区推进村域农业产业化提供参考。③北京市顺义区地处大城市近郊，乡村社会经济发展水平相对较高，属工商业主导的发达型乡村，拟重点剖析北村的发展演进历程及机理，为城郊区多功能型村域发展提供借鉴。"郸城县—禹城市—顺义区"由南向北产业结构逐渐升级、经济外向度增加、农业逐渐分化、乡村发展水平逐渐提高，在黄淮海地区具有一定的区域代表性。

村域发展动态特征及内在机理研究的综合性较强，所需数据资料主要包括村域发展的历史和现状信息，以及基层干部、能人、普通农户等群体的感知和意愿等，需集成地理学、经济学、社会学等多学科方法获得。作者于 2010 年五六月在河南省郸城县进行了为期 2 周的实地调研，于 2009 年二三月及 2010 年 12 月在山东省禹城市进行了合计为期 3 周的实地调研，于 2010 年 12 月在北村进行了两次实地调研。调研方法与内容主要包括：同县乡两级政府的国土、农业、工业、建设等涉农部门的干部进行座谈，了解县域乡村发展的总体情况和重点村域

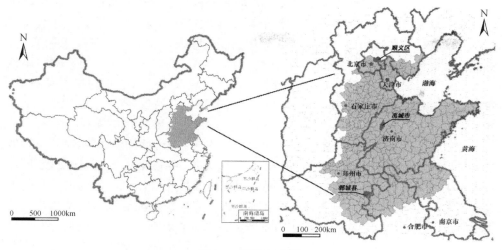

图 3-1　研究区位置

的具体信息并筛选案例村域；同案例村域的村干部、企业家、典型农户（如普通农户、老党员、老教师、老干部）等关键主体进行一对一访谈，以全面了解村域发展的历程、现状、成因、问题、方向等相关信息；抽样选取 10% 的农户开展关于前述问题的问卷调查；建立全村各户家庭基本情况数据库，主要属性信息包括人口、年龄、文化、技能、就业、收入等；借助高分影像、历史航片分析村域土地利用变化格局及现状特征。在成稿过程中，又数十次通过打电话的方式与当地相关人员进行访谈交流和信息确认，以确保所得资料的准确性和分析结果的可靠性。

3.3　结果与分析

3.3.1　村域发展的动态过程

综合基层干部、当地村民和村干部的意见，对各案例村域在改革开放以来的发展过程进行阶段划分，并对其在各阶段的发展状态进行细致了解。简以表 3-1 呈现案例村域基本情况、发展阶段及近期转型发展过程的主要信息。总体来看，案例村域发展的一个共同性在于立足农村面向市场围绕土地、农业和社区发展做文章，而主要差异在于发展水平和整体阶段的不同。赤村和王村通过土地综合整治改善了社区风貌并为现代农业规模经营夯实了资源基础，夏村和邢村的农业构型已初步转变，北村已向现代多功能农业转型升级。案例村域的发展历程大致可分为三个阶段：① 1978 年至 20 世纪 90 年代初期，传统农业带动村域缓慢发展阶段。该阶段村域发展的主要驱动力为家庭联产承包经营制度创新以及现代农业生产要素投入所代表的技术进步，但受制于工农产品价格"剪刀差"等城乡二元制度以及村域自身的人口快速增长等因素，村域发展仍相对缓慢。该阶段内，温饱问题得到有效解决。② 90 年代初期至 90 年代末期，农业集约化、结构调整及外出务工驱动下的村域发展起步阶段。在新一轮改革开放、农村市场化改革、农业结构调整鼓励政策、技术进步的综合驱动下，村域农业生产能力进一步提升，外出务工也成为重要增收方式。值得一提的是，该过程中赤村、王村、夏村、邢村的空心化演化也在加剧。本阶段内，农户的经济积累明显增强，为村域发展转型升级打下了一定的社会经济基础。③ 2000 年以来，不断完善的市场经济体制下村域发展转型升级阶段。案例村域多能结合自身禀赋、市场需求和政策导向等因素，在能人的带动下推进产业经济发展、人居环境建设的转型战略，其运行轨迹、机理与周边大部分村域的差异日益明显。该阶段内，社区综合发展日益受到重视。这三个发展阶段与农村土地制度创新、沿海开发开放、市场化改革、新农村建设等宏观制度和政策背景基本相符。

表 3-1　案例村域的发展阶段及主要特点

村名	基本情况	发展阶段	近期转型发展的主要特点
赤村	隶属于郸城县胡集乡，村域经济主要靠传统粮食种植和外出务工带动。2008 年全村人口 1200 人，人均纯收入约 5000 元。经过两年的酝酿、规划，该村自 2007 年进行"拆旧建新"实现集中居住，宅基地整治新增耕地 345 亩	①1978～1991 年，传统农业带动村域缓慢发展；②1992～2004 年，集约化农业和务工经济带动村域发展起步；③2005年至今，"空心村整治—新农村建设"推动村域转型发展	在村支书的组织协调下，村两委进行相关调研与商讨，村干部与村民广泛交流并组织村民外出学习，集思广益形成"整治空心村—建设新农村"的规划初稿；通过多次召开民主会议，修订完善后形成最终方案。历时三年，成功实现增加耕地面积、改善人居环境、提升生活质量的综合目标
王村	隶属于郸城县丁村乡。2009 年该村人口 1800 人，耕地 2450 亩，农民人均纯收入 4900 元。1998 年开始，该村利用难以发包的低洼地，自发、有序地进行集市建设和新村建设，取得明显成效，宅基地整治新增耕地 600 余亩	①1978～1991 年，传统农业带动村域缓慢发展；②1992～1997 年，集约化农业和务工经济带动村域发展起步；③1998 年至今，集贸市场建设带动空心村整治和村域转型发展	村支书提出利用低洼易涝地块建立集市的建议，并在村级民主会议中得到认可；村里自发成立规划编制小组，通过广泛学习、深入调研、反复修改形成规划方案；经四级会议民主表决，修订、完善并通过了规划方案，自 2000 年起开工建设；注重硬件条件和管理制度建设，集市发展迅速

村名	基本情况	发展阶段	近期转型发展的主要特点
夏村	位于禹城县城以南6km处，交通便利。2009年该村有人口487人，耕地670亩，居民点面积260亩。通过土地整理和交易市场建设，发展成蔬菜产销专业村，农民人均纯收入达9000元	①1978～1994年，传统农业带动村域缓慢发展；②1995～1999年，农业结构调整和外出务工带动村域发展起步；③2000年至今，土地整理、蔬菜种植、非农经营带动村域转型发展	2000年以来，该村在新一届村委的组织下开展了以实现规模经营和改善农田水利为主要目的的新一轮土地调整和整理，着力发展设施蔬菜，并于2006年采用股份制的方式新建了蔬菜交易市场，由此破解了农地细碎化、经营规模小、农产品卖难的问题，蔬菜生产能力和经济效益大幅提升
邢村	位于禹城县城西北部，交通便利。2009年全村278户，1068人，耕地面积1589亩，居民点面积450亩。经过10余年的努力，该村成为集奶牛养殖、生猪养殖和蔬菜种植于一体的农业专业村，农民人均纯收入超过8500元	①1978～1995年，传统农业带动村域缓慢发展；②1996年至今，高效种养业和多种非农经营带动村域转型发展	新选为村支书的致富能人针对村域产业结构单一、发展水平低下的状况，着力动员、引导、带领、扶持村民进行产业结构调整，大力发展畜禽养殖和蔬菜种植，以合作社为平台实现小农户与大市场的对接、以社区为纽带开展定期学习解决技术难题，推动村域产业和社区建设不断发展
北村	位于顺义区京郊绿色农业产业带，交通便利、生态环境良好。经过20年的努力，该村已发展成集花卉苗木、种猪培育、肉猪养殖、农产品加工、农业观光旅游于一体的多功能农业专业村。2009年全村户籍人口1600人，外来人口1000余人，农民人均纯收入达2万元	①1978～1991年，传统农业带动村域缓慢发展；②1992～1999年，创新实行股份制发展高效种养业带动村域发展起步；③2000年至今，现代多功能农业产业化带动村域发展转型升级	20世纪90年代初期以来，北村人创新引进股份制与股份合作制，使村民成为村域发展的投资者、经营者、受益者，有效解决了资金短缺和激励不足的问题；因地制宜、因市场制宜确定村域发展战略，且围绕市场需求和产业发展对发展战略进行适时合理的动态调整。成功构建现代生态循环型村域"经济–社会–生态"复合系统，实现了由传统农业型村域向股份制农业产业化型村域的转型

注：作者基于实地调研所搜集的资料信息整理，下表同

3.3.2 村域发展的影响因素

基于对案例村域在不同发展阶段各类要素相互作用关系的分析，将村域发展的主要影响因素梳理为内源性影响因素和外源性影响因素两类（表3-2）：内源

性因素包括资源环境、地理区位、经济基础、人力资本、社会资本、内源性偶然因素等；外源性因素包括制度安排、专业技术、国内外市场、宏观经济环境、政府政策、外源性偶然因素等。通常，适宜的经济地理区位、优越的历史经济和资源环境基础、良好的村域社会资本、丰富的人力资本是村域发展的主要内在性因素；稳定的宏观经济环境、健全的制度安排、增长的国内外市场需求、领先的专业技术和及时有效的政策扶持是村域发展的主要外在性因素；来自村域内或村域外的偶然因素可能对村域发展起到诱发、催化、润滑或阻滞作用。需要指出的是：①村内、村外的各种影响因素的作用效应具有明显的差异化特征，各影响因素间存在复杂的非线性交互作用，正是这种效应差异和交互作用使得村域发展的路径和状态各异；②各种影响因素对村域发展的作用大小难以精确刻画，各影响因素间大多具有一定的可替代性，但往往不具有完全可替代性；③总体来看，案例村域的发展过程可视为以内源性因素为主导驱动力的内生与外生相结合的综合式农村发展过程。

表3-2　案例村域发展的影响因素

	影响因素	作用方式	典型案例
内源性影响因素	资源环境	为村域发展提供物质、原料、环境和承载支撑；不利的资源环境状态可能胁迫、诱发村域发展转型	土地资源对夏村、邢村、北村产业发展的支撑作用；低洼易涝耕地诱发王村的集市发展
	地理区位	对市场、交通以及资金、技术、信息等"流"的可达性的影响	赤村、王村的发展在一定程度上受制于所在县乡区域的交通条件；可达性优势促进了夏村、北村的发展
	经济基础	原有经济基础往往可为村域发展提供更多的物质资本，能在一定程度上影响村域发展路径与状态	相关村域的空心村整治、集市建设、产业发展均与原有经济基础有密切关系
	人力资本	有助于促进技术进步、增加社会资本、增强经营能力等，对村域发展的影响较大	主体发展能力对村域发展至关重要；各村域能人的组织、管理、经营才能决定其对相关行动者的动员、激发和整合
	社会资本	形成社会规范、降低交易成本，有助于稀缺要素的获得、促进村域社会经济活动的完成，对村域发展的影响较大	王村通过健全各项规章制度增强了个体行为的有序性；北村通过社会资本实现与外部关键主体的"桥接"
	内源性偶然因素	可能影响到村域发展的各方面，尤其是可能直接或间接地影响到各影响因素的作用的发挥	王村70亩地意外性的难以发包，由此引发了能人的战略分析和全村的发展转型

影响因素	作用方式	典型案例
制度安排	完善的制度安排往往促进村域发展，不健全的制度安排往往制约村域发展	城乡二元结构普遍制约村域发展；农村土地制度不健全是村庄空心化的重要肇因；北村通过引进股份制破解资金难题
专业技术	农区村域在农业生产、工业制造等领域的技术创新能力有限，但适宜技术的成功引进往往能促进村域产业发展	种植、养殖、加工技术的引进和模仿创新促进了夏村、邢村、北村的发展
国内外市场	产品市场、要素市场是影响村域生产、消费与发展的重要因素	北村的发展部分得益于对产品市场的密切关注、积极跟进、着力引导；不完善的要素市场普遍制约农区村域发展
宏观经济环境	稳定的宏观经济环境能在较大程度上保障市场需求、要素供给的相对稳定性	良好而稳定的宏观经济环境促进了城市经济的发展、保障了市场需求的稳定，有助于务工经济、村域产业发展
政府政策	有效的公共物品供给、及时的资金或项目扶持往往能促进村域发展；政策缺位、错位、越位往往带来负效应	惠农政策对村域发展有一定的积极作用，但效果有限；政府对赤村、夏村、北村的及时扶持效果明显；自上而下的"合村并居工程"对夏村、邢村的未来发展带来不确定性
外源性偶然因素	与内源性偶然因素类似，可能影响到其他因素的作用；外源性影响因素多具一定的偶然性，由此影响村域发展	由于政府扶持机制的不健全，县委人事变动影响了政府对王村的扶持力度

注：上述各行均属于"外源性影响因素"

3.3.3 村域转型发展的共性特征

1. 重视民众参与

"参与"反映的是一种基层群众被赋权的过程，其主要特点可概括为受益人在发展过程中的决策及选择过程中的介入、受益群体在发展过程中做出相应的贡献和努力等12条（李小云，2001）。从各案例村域发展转型过程中的重大事件来看，参与式发展的12条特征在其中大多有所体现，民众参与成为村域发展的核心理念和坚持的基本原则（表3-3）。如：①赤村村民参与到了空心村整治规划、决策、实践的整个环节；②王村村民在集市建设中也有充分参与；③夏村村民广泛地参与了土地调整和蔬菜产业发展；④邢村村民在养殖产业发展中共同学习、互助合作；⑤北村村民在股份制及股份合作制的框架下广泛参与、积极合作。正是村民的充分参与，才形成了强大的内发力，保障了村域转型发展过程中重大事件的顺利推进。调研还发现，由于农户自身发展能力的限制和思想观念的制约，村民参与的不完全性、参与程度的差异性普遍存在。由此，村域发展转型过程中应十分注重民众参与，加强村民的能力建设，尽量保证村民的知情权、表达权、监督权、决策权和受益权。并且，需要有关组织和能人针对群体差异采取不同的策略，增强示范、激励效果，进而促进参与。

表3-3 "参与"的理念在案例村域发展过程中的体现情况

参与的维度	赤村	王村	夏村	邢村	北村
受益人在发展过程中的决策及选择过程中的介入	√	√	√	√	√
目标群体在项目执行全过程的介入	√	√	√	√	√
受益群体在发展过程中做出相应的贡献和努力	√	√	√	√	√
目标群体对实施项目的主动性和责任感	√	√	√	√	√
受益群体对项目的成功具有相当的承诺并具一定的实施项目的能力	√	√	○	○	√
重视乡土知识和创新	√	√	√	√	√
确保目标群体对相关资源的利用和控制	√	√	○	○	√
对目标群体的能力建设	○	√	√	√	√
目标群体尤其是弱势群体真正能分享发展所带来的利益	○	√	√	√	√
对目标群体自我发展能力的建设	○	√	√	√	√
对权力及民主的再分配	√	√	○	√	√
建立机制化的长效参与机制	√	√	○	○	√

注："√"表示体现的较为明显，"○"表示体现的不甚明显。作者基于实地调研访谈主观确定

2. 注重内发动力与外发动力的统筹协调

村域系统是一个开放式系统，通过不断与外界进行物质、能量、信息等"流"的交换而实现系统良性演化，成为耗散结构。由资源环境、地理区位、人力资本、社会资本、经济基础等要素的相互作用形成的村域自我发展能力是村域系统发展演化的关键内生动力，其大小对于村域发展具有决定性作用。与此同时，村域系统的发展演化还受到外源性动力的推动抑或阻滞作用，如市场需求、政策导向、制度安排、专业技术等。村域的内发动力与外发动力往往存在一定的不匹配性，二者相互作用形成的合力即为村域综合发展能力。推进村域发展必然需要着力增强内发动力和外发动力，以及二者间的匹配性。案例村域均十分重视内发动力与外部动力的统筹协调，如：①赤村的"空心村整治—新农村建设"整合了

村域内部村民的整治意愿和力量，以及来自村域外部的政府项目扶持和资金扶持等；②夏村在建设蔬菜市场的过程中，既对村域自身蔬菜种植基础、发展意愿进行了评估，又对外部区域的蔬菜产业发展趋势和对蔬菜批发市场的需求进行了很好的分析与预判，并注重引进先进种植技术，且争取到了地方政府的扶持，如部分基础设施建设、信贷扶持。由此，村域发展过程中，一方面应加强村域内部发展主体的意愿调查、加大人力资本和社会资本的有效积累，立足和改善区位特征，紧扣资源环境禀赋和经济基础；另一方面，还需加强对村域外部市场需求、政策导向等要素的评估分析，有效获取村域发展所需的来自外部的资金、技术要素，着力实现内发动力和外发动力的统筹协调，共同推进村域发展转型。

3. 村域能人是统筹协调内发动力和外发动力的关键主体

村域发展需要统筹协调内发动力和外发动力，而从案例村域发展过程来看，在村域社会经济发展中的某一个或几个领域拥有优势资源，并且利用其资源优势在一定程度上获得了个人成功的村域能人是担当这一角色的主要群体。他们一方面在村域内部奔走相告、广泛宣传、积极动员，激发发展需求和认知，一方面积极评估外部市场和环境条件、整合外部支持力量，借以实现内发动力和外发动力的统筹协调（表3-4）。尤其是充分利用自己的企业家才能和社会资本，通过实践创新实现稀缺要素的及时补给。村域能人对外部动力的整合可从社会网络理论的角度来剖析。丰富的人力资本和外部联系是村域能人整合外部动力的必要前提。一方面，他们往往具有更好的文化水平和专业技能，能够洞察到市场需求的变化、捕捉到有价值的市场信息，并对政府的政策导向也具有较强的判断能力；另一方面，他们能够利用个人的社会关系网络，基于共同利益和相互信任同村域发展所亟须的外部要素的持有者建立各类联系，实现村域网络同外部关键节点的"桥接"，据此获得村域发展所需的外部要素支撑。从案例村域来看，洞察力、使命感、克服不利条件的意愿和能力、企业家精神是村域能人的必备素质。由此，应十分重视村域能人的培育，增强其经营能力、管理能力、开拓精神、奉献精神，以利于更加有效地推进村域发展。

表3-4 村域能人在案例村域转型发展过程中的主要作用

村名	村域系统内部	村域系统外部
赤村	宣传整治理念；动员整治意愿；推进民主决策；组织规划编制；协调项目推进	积极申请政府项目扶持
王村	宣传集市建设理念；动员集市建设意愿；推进民主决策；组织规划编制；协调项目推进；加强村域文化建设	积极申请政府项目扶持；组织开展外部市场调研以完善本村集贸市场的建设，增强其竞争力

村名	村域系统内部	村域系统外部
夏村	动员和组织开展土地调整、集市建设；积极进行技术示范，带动科学种植	积极申请政府项目扶持；加强种植技术引进
邢村	示范、带动村民开展畜禽规模化养殖；积极推进合作社的成立和发展	积极申请政府项目扶持；加强养殖技术引进
北村	组织开展村域发展重大决策的制定，如股份制改造、产业发展战略等	与相关科研院所、大专院校建立各类合作关系

注：基于在案例村域对村民和村干部的调查、访谈而整理所得，下表同

4. 抢占价值链的高附加值环节是产业型村域发展的战略导向

农业产业价值链的微笑曲线架构特征大致是：产业链前端的种苗研发与规模化生产，以及产业链后端的农产品加工、流通、品牌营销属于高附加值环节，而小规模的种苗生产及常规种养属于低附加值环节。在案例村域，抢占价值链的高附加值环节成为其战略导向：①夏村仅占据了蔬菜产业链条的低值环节，即利用廉价的土地、劳动力等资源从事规模种植，发展层次相对较低，但已有建设冷藏库和创建自有蔬菜品牌促进产业转型升级的初步想法；②邢村目前仅占据了蔬菜种植、畜禽养殖的低值环节，虽通过合作社的运行降低了部分交易成本，但村域发展水平仍有待提高，不过已有组建生猪屠宰加工企业促进产业转型升级的想法；③北村则通过不断的实践和创新，跟进市场需求，将种养型产业价值链上的仔种、规模化种养、加工、流通及营销等高值环节纳入村域产业体系，实现了资本、劳动力等生产要素的内聚，而村民也因此获得了可观的资本增值收益。高附加值环节往往对资金、技术、管理等先进要素的需求更大，因而成为村域产业转型面临的难题。北村的经验可为此提供参考，即：通过创新经营体制，采用股份制和企业化经营增强资本要素的可获得性；通过与外部相关机构广泛开展技术合作，提高生产技术水平。

5. 创新是村域发展的力量源泉

案例村域的转型发展历程和经验还表明，村域成员的首创精神是村域发展的重要动力，村域的创新能力是影响村域发展的重要力量（表3-5）。案例村域发展历程中的典型创新包括：①赤村、王村等通过村民参与、民主决策、争先评优实现社会整合；②邢村和北村通过合作社解决"小农户"与"大市场"对接的交易成本问题；③北村通过技术引进、研发及模仿创新增进产业和村域发展的核心竞争力，通过股份制解决产业发展过程中的资金短缺、产权模糊等问题。创新

已成为案例村域发展转型的关键动力，新时期的村域发展应十分重视建设学习型村域、增强村域创新能力。

表3-5　案例村域转型发展过程中的重要创新举措

村名	重要的创新举措
赤村	通过村民参与、民主决策推进空心村整治
王村	通过村民参与、民主决策、成立规划编制小组、争先评优推进集市和新村建设
夏村	灵活开展耕地的整理和承包经营；通过蔬菜交易市场的建设促进蔬菜产业发展
邢村	通过合作社的建设与发展来解决"小农户"与"大市场"对接的交易成本问题
北村	通过股份制解决产业发展过程中的资金短缺、产权模糊的问题，适时调整产业发展导向，强调与外部技术单位进行密切合作

6. 战略、规划及行动力是村域发展的重要支撑

案例村域的发展转型可解构为四个环节（图3-2）：① 观察评估。村域发展主体尤其是村域能人对村域发展内部禀赋条件、主体发展意愿、外部市场需求、区域政策导向等进行细致观察和综合评估，基于上述洞察形成对村域发展方向与路径即村域发展战略的总体把握。在该环节，能人的人力资本起到重要作用。② 激发整合。村域能人对村域发展的内部动力和外部动力进行激发与整合，达成共识，形成村域发展战略。在该环节，以村域内部社会整合度、对外关系网络发育度等表征的信任、关系等社会资本起到核心作用。③ 统筹规划。在利益相关者的参与下进行统筹规划。在该环节，人力资本和社会资本的作用均较为重要。④ 联合行动。协调各方面的力量开展联合行动。在该环节，行动力是重要影响因素。从开展空心村整治的赤村和王村，到从事蔬菜种植、畜禽养殖的夏村和邢村，再到"种–养–加–旅"四业融合的北村，均可见战略、规划及行动力对村域转型的有力支撑。战略、规划的得当与否，行动力的大小均对村域发展具有较大影响。村域发展过程中应重视战略思路的形成、规划的科学编制以及行动力即规划执行能力的提升。

7. 村域发展是一个自组织、网络化的动态过程

通常，村域可视为一个耗散结构，即远离平衡态的非线性的开放系统，该系统通过不断与外界交换物质、能量、信息、资金等要素，外界的要素输入对村域系统的运行与演化有重要影响，这些外部动力与村域内部的结构要素进行融合与转换，发展成为村域内部自主自发的动力。当系统内部某个参量的变化达到一定

的阈值时，通过涨落，村域系统可能发生突变即非平衡相变，由原来的混沌无序状态转变为一种在时间上、空间上或功能上的有序状态。这种转换在系统结构上可从三个维度进行归纳：①自然—生态结构优化，如生态环境改善、生物多样性增强、乡村景观质量提升，即村域生态系统服务功能的增强；②技术-经济结构优化，如新技术的引进促进要素投入效率和经济效益增加、产业结构优化、产业竞争力增强；③制度-社会结构优化，如建构新的制度体系实现高效管理和有效激励、人口素质结构和收入结构的优化、社会整合度的提升和社会事业的进步，制度和社会要素对村域发展的适应力和支撑力增强。

村域发展是相关要素相互作用、相互影响的过程，可形象理解为网络化的过程。区域乡村发展的影响要素及其之间的相互作用关系可视为"伸展的乡村网络"（van der Ploeg and Marsden，2008；Marsden，2010）。在夏村、邢村、北村等产业型村域，村域发展相关主体及其相互作用构成一个村域发展网络，而各产业链条是该网络的骨架，该网络承载着村域发展的主体及其间的物质流、资金流、能量流、技术流和信息流等。由此，村域系统有序发展过程即是村域网络体系不断完善、扩大和强化的过程。村域转型的成功与否，往往取决于能否实现对稀缺要素的及时满足和优势资源的有序开发，而从村域发展网络的角度来看，取决于能否实现对关键节点和作用关系的构建和强化。整体来看，村域发展的动态性体现为，正是村域发展主体尤其是村域能人对观察评估、激发整合、统筹规划、联合行动 4 个环节的适时"重启"，进而实现和强化村域发展的自组织和网络化，最终推进村域系统的跃迁/转型（图3-2）。

案例村域在其转型发展过程中表现出的自组织、网络化、动态性特征对于村域发展的启示在于：①具有开放性、非平衡性和非线性特征的村域往往更能获得持续发展动力，因而村域发展过程中应注重扩大对外交往、发展市场、促进组织和产业分化、保持个体及群体之间适度的差距；②对于特定的村域系统而言，其内在的、外在的相关主体及其交互作用形成村域发展网络，不同的主体及其作用关系决定网络密度与质量的差异性，进而塑造出不同的村域发展轨迹和发展水平，村域发展内发主体应加强对外联系，夯实村域发展的社会资本，占据并巩固村域发展网络中的关键节点；③村域发展过程对于主体而言是一个不断反馈、调适的过程，应适时结合资源禀赋特征、外部市场环境、政策扶持导向、自我发展能力进行观察评估、激发整合、统筹规划，据此推进有针对性的联合行动，以促进村域系统的优化、跃迁及转型。

3.3.4 村域转型发展的内在机理

基于前述对各案例村域发展过程、影响因素及转型发展过程中共性特征的

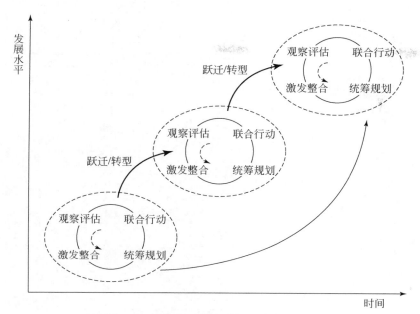

图 3-2　村域发展跃迁/转型的动力过程

注：作者基于案例村域发展的过程特征绘制，图 3-3 同

综合分析，归纳总结出平原农区农业型村域转型发展的内在机理：村民是村域发展的主体，能人是村域发展的核心因素；能人基于对村域自身资源禀赋、发展意愿、市场供需、政策导向、外域经验等的洞察，着力激发内部动力、整合外部动力，共同构建协作组织、开展学习创新、制定发展战略、发展社会分工、参与市场竞争，切实推进村域自然–生态结构、技术–经济结构、制度–社会结构的优化，进而提升村域的竞争力和地域功能，实现村域价值显化，促进实现以产业发展、环境改善和社会转型等为表征的村域人口、资源、环境、经济、社会系统综合协调发展（图 3-3）。该机理在较大程度上反映了以案例村域为代表的平原农区农业型村域转型发展的一般性规律。简要地，村域发展需要带头的能人、得力的班子、有效的组织、广泛的参与、科学的规划、丰富的资源、充裕的信息、完备的市场，尤以能人引领、民众参与、规划引导、政府扶持、产业支撑为发展之关键。

3.3.5　村域转型发展与城乡一体化的优化模式

工业化、城镇化、信息化与农业农村现代化的良性互动和协调发展是我国社会经济发展的核心命题。新时期，我国城镇建设的重点尺度在县乡层面，重点区

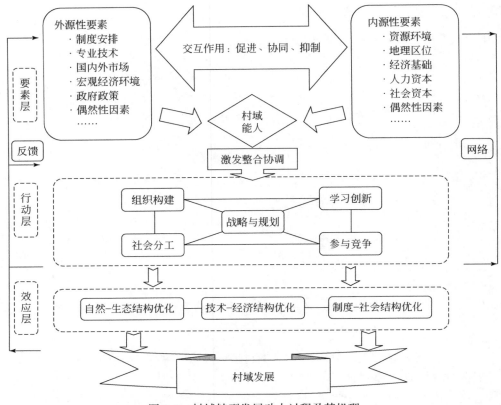

图 3-3　村域转型发展动力过程及其机理

域在人口众多的欠发达传统农区，重要途径是村域人口的有序城镇化，基础支撑是以村域为基本单元的传统农区的农业农村现代化。由此，传统农区的"四化"建设事关国家发展全局，而村域生产与消费体系同城镇生产和消费体系的有效对接是中小尺度"四化"建设、城乡发展的关键。在传统农区，农业仍是优势产业和核心产业，可着力引导农业加工企业、流通企业和生产基地的区域化布局、专业化生产、规模化经营、社会化服务，并充分发挥信息化时代"互联网+"的桥接作用，形成"区片（生产基地）—节点（加工企业）—轴线（流通链条）—域面（消费市场）"有机融合的农业生产网络，构建规模化种养、专业化加工及资源化利用的城乡一体化农业产业体系，借以降低交易成本、促进技术创新与扩散、减少区域环境污染、提升城乡综合竞争力和发展水平。

　　结合前述对"县-镇-村"层级体系下村域发展过程特征和内在机理的归纳分析，提出传统农区农业产业化助推农村工业化、城镇化和现代化的优化模式。本模式强调村域生产体系和城镇生产体系在新的制度空间和产业空间下的要素融合与互动、产业分工与协作（图3-4）：以专业化、清洁化为主导特征的村域生产体系以农户、能人和合作社为生产经营主体，在建设和发展种养基地为城镇提供优质农产品、工业原料的同时，实现富余劳动力供给、文化传承和生态服务功能；以集群化、清洁化为主导特征的城镇生产体系以生产厂商、服务供应商等为产销主体，其主要角色和功能主要在于从事农产品加工、农产品物流、农资产销和农业生产经营技术服务等，为村域生产体系提供适用技术、金融资本、投入品、消费品、财政支持和转移支付等。通过村域生产体系和城镇生产体系的要素融通、信息互享、产业融合、功能互补，重塑以"县城—乡镇—新型村级社区"为核心架构的城乡生产、生活、生态空间结构体系，促进村域转型发展和城乡一体化。

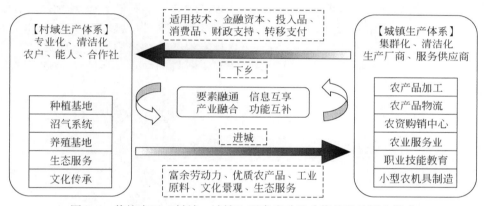

图3-4 传统农区"村域—城镇"要素流动及功能关联的概念模式

3.4 小 结

（1）村域是我国农村社会经济活动的基本单元，本章立足于黄淮海传统农区的区域背景，基于河南省郸城县、山东省禹城市、北京市顺义区内5个相对成功型代表性村域发展动态过程、影响因素的考察研究，总结归纳了村域转型发展的共性特征与内在机理。研究成果在一定程度上深化了乡村地理学的微观尺度研究，对于全面认识村域发展的基本规律、把握村域发展的关键要素及其作用关系，进而适当通过来自外部的制度安排与政策引导推动村域转型发展具有参考价值。诚然，基于本项实证研究成果，进一步研究开发参与式村域发展综合诊断技术、总结提炼村域优势特色资源优化利用模式及城乡互动模式，将能够更加直接地指导村域发展实践。

（2）上述理论研究成果主要基于黄淮海地区3个不同类型县域的5个案例村

域得出，在一定程度上受限于可能暗含的样本选择偏差，因而相关结论有待通过更多的案例研究和计量分析给予验证和完善。可进一步开展我国不同类型地区的村域发展机理研究，加强与欧美、日韩等发达国家小尺度区域农村发展机理的比较研究，基于"县–镇–村"层级体系进行区域农村发展机理的多尺度分析，探讨成功型村域与其周边滞后型村域的要素关联尤其是扩散与极化机制，进而明晰不同尺度、不同类型区域农村发展的规律性、差异性、特殊性和偶然性。

（3）村域社会经济系统尺度虽小但仍极为复杂，参与主体、影响因素及作用路径多样。调研发现，村域能人、由村域内外社会经济网络联系形成的社会资本对村域发展的影响巨大，这与个人综合能力、企业家精神、传统文化特质等因素有关，也从侧面反映出改革开放 30 余年来我国农业和农村发展的政策措施仍不成熟、市场机制仍不完善、规划引导作用欠缺等政策、制度和体制缺陷。尤有必要深入研究村域能人的成长机制、全面分析社会资本对村域发展的作用机理及强化路径、系统探讨工业化城镇化背景下村域发展的常态化机制，据此构建更加完备的农村发展制度体系，这将更加有助于促进农村的稳步、持续、均衡、健康发展。

第四章　大城市郊区村域转型发展的资源
环境效应与优化调控研究
——以北京市顺义区北村为例

本章首先探讨了村域转型发展及其资源环境效应研究的理论位点，然后以京郊北村为例剖析了大城市郊区典型村域在"种、养、加、旅"四业协调发展过程中的资源环境效应优化调控的过程、特征及其内在机理。案例研究发现：北村的转型发展过程中，资源环境效应存在阶段性差异，资源投入从低效率向高效率转变，环境污染从高污染向低污染转变，环境污染指数曲线具有倒"U"形特征，其优化调控过程可分解为问题呈现、观察评估、激发整合、功能赋予、联合行动和系统重构六个环节，而调控目标得以实现的内在机理在于，以干部、能人和合作组织为核心，成功激发了普通村民和驻村企业的内生需求，有效整合了各级政府、技术单位的外部力量，并以优化资源环境要素为共同目标，顺利构建了目标明确、功能明晰、技术可行、效益良好的行动者网络。

4.1　引　　言

人口基数大而人均资源禀赋较少、环境承载能力有限是我国的基本国情。随着人口数量的不断增长和经济工业化、社会城市化的快速发展，大部分地区城乡居民的许多需求不断接近甚至超过了当地的资源保障能力和环境承载能力。由此，必须立足国情，十分重视经济和社会与人口、资源、环境的协调发展（周立三，1990；吴传钧，1991；毛汉英，1991）。探讨社会经济活动的资源环境效应及优化调控路径成为关系国计民生的重大科学问题。近 20 年来，我国的资源环境问题受到广泛关注（Brown，1995；Ash and Edmonds，1998；Edmonds，1994），学界着眼于水土、能源等资源以及生态环境的变化特征、承载能力、保障程度、约束效应等开展了大量研究（蔡运龙等，2002；杨杨等，2007；陆大道等，2007；MacBean，2007；Jia et al.，2010）。特别地，围绕土地和粮食安全深入探讨了我国的土地生产量、人口承载能力、粮食供需平衡（中国土地资源生产能力及人口承载量研究课题组，1991；Huang et al.，1999；陈百明，2001；封志明等，2008；Yin et al.，2006）；针对能源安全问题，探讨了能源流动格局、保障状态、战略导向（Cheng et al. , 2010；陈诗一，2009；蔡昉等，2008a；Shen et al. , 2010；Ma et al. , 2010）；近年深入开展了城镇化、工业化的资源环境基础与相关效应研究（刘耀彬等，2005；Fang and Lin，2009；方创琳等，2008；Chen et al. , 2010；张雷，2010；谢高地等，2010）。上述研究为深刻认识快速城镇化、工业化进程中全国和区域尺度的社会经济发展及其资源环境效应以及谋求优化调控策略、保障区域可持续发展提供了重要支撑。

然而需要指出的是，长期以来的城乡二元结构体制下，我国农村资源高效利用、环境污染治理的意识薄弱、机制不全、投资不足，以致资源利用效率偏低、环境形势严峻。特别是在环境状况方面，点源污染与面源污染共存、生活污染和工业污染叠加、各种新旧污染与二次污染相互交织，工业及城市污染向农村转移，土壤污染日趋严重，农村生态退化尚未得到有效遏制，已成为中国农村经济社会可持续发展的制约因素①。即便未来一段时期我国城镇化水平能够达到60%甚至更高，仍将有近5亿~6亿人居住在地域广阔的农村，为14亿~15亿人口提供与农业有关的各类产品和服务。建立生态、经济、高效、可持续的乡村生产生活模式，对于构建资源节约型、环境友好型社会，具有重要现实意义。因此，深入探讨广大乡村地区的社会经济发展过程及其资源环境效应与优化调控路径同样具有重要价值（吴传钧，2001；Dumreicher，2008）。

近年，学界围绕快速城镇化、工业化进程中的耕地和宅基地变化（Liu et al. , 2008，2009，2010a，2010b；Long et al. , 2012；曲福田，2010）、农业资源和农村能源可持续利用（Fan et al. , 2011；Zheng et al. , 2010；Zhuang et al. , 2011）、乡村农工商旅产业发展及其环境效应等（Yang et al. , 2009；Guo et al. , 2010；Li et al. , 2010）做了深入探讨，农村土地整治潜力、节能减排潜力、环境退化态势等逐步成为热点研究领域。总体来看，农村发展过程中效率提升机理、潜力实现途径及环境治理机制等相关综合研究仍较为薄弱，有待进一步拓展和深化。村域是我国农村社会经济活动的基本单元，是认识和改造农村的重要窗口，研究村域资源优化利用和生态环境保护尤为必要。本章首先探讨村域转型发展及其资源环境效应的理论位点，然后以北京市顺义区北村为例剖析其转型发展的过程特征及其资源环境效应和优化调控机理，并由此得出相关启示，以期为城乡转型发展新时期我国乡村资源优化利用、生态环境保护和生态文明建设提供有益借鉴。

---

① 详见《中国环境状况公报》（2006、2007、2008、2009 及 2010 年）。

4.2 理论分析：社会经济发展与资源环境问题

4.2.1 社会经济活动与资源环境变化

人类社会经济活动伴随着自然资源开发利用和各类生产生活废弃物的排放，由此带来资源环境效应。人类社会经济活动与资源环境变化的关系是一个古老而常新的课题，很多学科都有所涉及。地理学着重研究地球表层人与自然的相互影响与反馈作用，对人地关系的认识素来是地理学的研究核心，也是地理学理论研究的一项长期任务，贯彻于地理学的各个发展阶段（吴传钧，1991）。不论是近代人文地理学的环境学派、人地相关学派、区域学派或景观学派，还是现代人文地理学倡导的人地关系地域系统研究，都强调人类活动与资源环境的密切关系。经典的工业区位论、农业区位论也在较大程度上涉及市场经济条件下对资源利用方式的综合权衡。上述地理学相关理论洞见和数理推演均反映了人类社会经济活动对资源的数量、质量及其分布以及环境胁迫的认知、适应与响应。在经济学领域，斯密的绝对优势理论和李嘉图的比较优势理论早已涉及资源环境要素禀赋对产业布局、劳动分工的影响。但新古典经济模型、新增长理论多将资源环境要素尤其是环境要素排除在模型之外，而国家经济增长政策往往也缺乏对环境效应的考虑（Arrow et al.，1995）。随着经济增长过程中资源环境问题的日渐严重，特别是 20 世纪 70 年代初"增长的极限"提出后，经济学家对资源环境问题才日益重视，并逐渐将自然资源投入以及环境污染排放等要素引入经济增长模型，如探讨资源跨期最优配置问题等（Forster，1973；Stiglitz，1974）。

20 世纪 80 年代初期以来，不合理的人类活动逐渐成为资源加速耗竭和环境持续退化的罪魁，经济增长过程中的资源环境变化成为地理学、经济学、生态学和环境学等相关学科关注的重要领域。学界先后提出了能值理论及其测算方法（Odum，1996）、生态足迹理论及其计算方法（Wackernagel and Rees，1996；Rees，2002）、生态系统服务功能的理论与价值评估方法（Costanza et al.，1997）、资源诅咒假说（Auty，1993；Sachs and Warner，1995）、脱钩理论（OECD，2002）以及经济增长与资源消耗、环境排放的库兹涅茨曲线假说等（Grossman and Krueger，1991）。上述理论、方法或假说对于从国家及区域尺度认识和调适经济增长与资源环境之间的关系具有重要参考价值，也为探讨更小尺度的村域转型发展及其资源环境效应与优化调控提供了理论参照。

4.2.2 村域转型发展及其资源环境效应

村域发展是指在一定的村镇空间结构体系下，村域系统农业生产发展、经济稳定增长、社会和谐进步、环境不断改善、文化接续传承的良性演进过程。村域发展是非线性过程，更多地表现为波动式抑或阶梯式向前发展，该转变过程可视为村域转型发展，即村域发展主体基于村域系统内外部环境条件的变化，对村域发展的体制机制、运行模式和发展战略进行动态优化调整和创新，进而实现由旧的发展模式向新的符合当前时代要求的发展模式转变的过程。该过程必然关联到水土、矿产、能源等资源的开发、运输、利用以及生产生活排放，由此给区域生态环境带来影响，产生系列资源环境效应。通常，在资源利用方面主要体现为土地资源、水资源以及能源利用方式的变化，在环境效应方面主要体现为对来自村域内部的农业面源污染、畜禽养殖污染、乡村工业污染、生活垃圾污染等内源性污染的影响。

村域发展与资源环境相互影响相互制约，其耦合类型多样：①在资源型村域，资源开采成为驱动村域发展的重要动力，但过度开采可能带来严重的环境负效应，如果对资源环境效应不够重视，或是过度依赖资源开采，很可能由于"资源诅咒"而制约产业经济长远发展（Auty，1993；Sachs and Warner，1995），甚至由于资源枯竭、环境退化而导致村域经济体系崩溃和发展水平下降［图4-1（a）］；②通常，鲜有村域能凭借丰富的资源禀赋和强大的环境自净能力实现资源要素投入和环境污染排放的"大进大出"以及经济的长期增长［图4-1（b）］，除非资源供给主要来自外部而环境负效排向外部；③但是，也不乏村域借助外部资源实现村域经济增长，而随着村域发展水平提高和村民环境健康需求增强，通过一定的技术措施实现减量、无害化排放以降低环境负效［图4-1（c）］；④理想的耦合关系应该是，村域发展过程中借助技术、经济、制度等相关措施实现各种资源投入要素的循环利用和清洁生产，提升资源利用效率、降低环境污染负效［图4-1（d）］。

综上所述，村域转型发展及其资源环境效应研究的重点即在于基于多学科理论与方法，剖析转型发展过程、资源环境效应的主要类型、演化特征、潜在后果及内在机理，据此探讨优化调控路径与模式。东部沿海和大城市郊区的乡村大多已进入转型升级的新阶段（刘彦随，2007a），其经验教训对于正在选择或实践适合于自身发展道路的广大乡村而言，具有积极的参考价值，可作为村域转型发展及其资源环境效应与优化调控研究的先导区域。

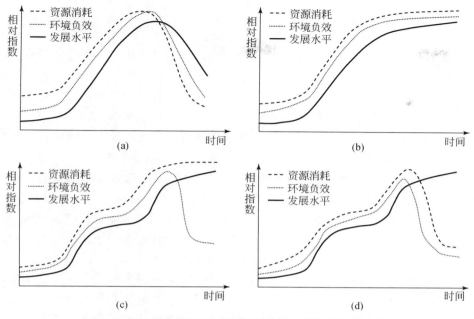

图 4-1　村域转型发展及其资源环境效应的耦合类型示意

4.3　案例研究：大城市郊区的村域转型发展及其资源环境效应

4.3.1　研究区域、数据来源及分析方法

1. 研究区域

北村隶属北京市顺义区，东邻 101 国道，南靠北六环出口，距主城区 30km，距京承高速入口 2 km，地理位置优越，且地处京郊绿色农业产业带，生态环境良好。全村总面积约 6600 亩，2009 年有农户 520 户，人口约 1600 人，人均纯收入超过 2 万元。该村自 20 世纪 90 年代初期以来，立足自身资源禀赋、瞄准外部市场需求，不断调整村域发展战略，实现了从粮食生产和生猪养殖为主的传统农业型村域向集专业化大田作物和花卉苗木种植、集中化仔猪和生猪养殖、园区化农产品加工、品牌化营销于一体的现代农业产业型村域的转型，并大力推进清洁生产和农业休闲旅游发展，在实现转型发展的同时破解了资源环境问题。该村的转型发展过程特征、资源环境效应优化调控举措对新时期乡村建设具有参考价值。

2. 数据来源与分析方法

本章所需数据资料主要来自作者于 2010 年 12 月和 2011 年 12 月到该村进行的 4 次实地调研。针对研究需要，采取相应的数据资料搜集方式：①通过典型农户座谈、关键人物访谈和村史资料的搜集整理，获得村域发展的历史信息，据此探讨村域转型发展的过程特征。②基于 1967 年航片、1992 年和 1999 年 TM 影像、2010 年 Google Earth 影像分析村域土地利用变化特征。由于 TM 影像数据精度难以满足本章在村域尺度的研究需要，参考 1967 年航片和 2010 年 Google Earth 影像，在村民参与下进行 1992 年和 1999 年的影像解译。③水资源和能源利用特征及其变化的相关信息主要通过访谈、座谈和问卷调查获得。

通常，环境效应研究应采用时序或截面甚至面板的环境监测数据，但村域尺度的此类资料极为匮乏。为此，本章假定当地村民对村域发展不同时期污染状况的主观认知可侧面反映村域转型发展的环境效应的动态变化，尝试通过村民对环境污染状况进行感知而获得环境变化的趋势性数据。具体地，结合村域污染特征，定义农业面源污染指数、生活垃圾污染指数、畜禽养殖污染指数、乡村工业污染指数 4 个分项指数和环境污染综合指数共 5 个指数，在对受访者介绍指数内涵后邀请其对 1980 年以来每 5 年的 4 个分项指数进行打分，并确定由 4 个分项指数合成环境污染综合指数的权重（表4-1）。参与者由 15 位年龄在 40~60 岁的当地村民构成，包括村干部、村企部门负责人和普通村民，具有较好的代表性。

表 4-1 村域环境污染类型及其度量

类型	说明	指数分值区间	合成权重
农业面源污染	主要是指由于农田中化肥、农药的不合理施用而产生的污染		0.13
生活垃圾污染	主要指日常生活中的可回收垃圾（如废纸、塑料、金属等）、厨余垃圾、有害垃圾（如废电池、过期药品等）和其他垃圾等产生的污染	污染很少（0~40 分） 污染较少（40~60 分） 轻度污染（60~70 分） 中度污染（70~80 分） 污染较重（80~90 分） 重度污染（90~100 分）	0.16
畜禽养殖污染	主要指各类畜禽养殖场排放的废渣，清洗畜禽体和饲养场地、器具产生的污水及恶臭等对环境造成的危害和破坏		0.41
乡村工业污染	主要指乡村工业企业向环境排放废渣、废气、废水而造成的污染		0.30
环境综合污染	环境污染状况的综合表征，由分项污染指数乘以相应权重而获得		—

注：权重由参与者初步确定后取其平均值获得；由于产生机理和调控路径不同，暂未考虑外源型城镇生活污染和工业污染

4.3.2　村域转型发展的过程特征

基于参与式调查研究，将改革以来北村的发展过程分为三个阶段：

（1）1978～1992年，传统农业带动村域缓慢发展。家庭联产承包经营制度创新以及现代农业生产要素投入增加带动北村粮食产量大幅增加，生猪养殖也初具规模，温饱问题得到有效解决。由于地处京郊而有更多的非农就业机会，且有能人率先垂范，从事面粉加工、开办加油站等多种经营，农村非农经济活力初步呈现。但受制于工农产品价格"剪刀差"等城乡二元制度以及村域自身的人口快速增长、人力资本有限等因素，村域发展仍相对缓慢。

（2）1993～1999年，创新实行股份制带动村域发展逐渐起步。1992年开始的新一轮改革开放中，广东南海的股份合作制经验得到各级政府的肯定。北村借鉴南海经验和村民的经营实践，经村两委的广泛动员和资源整合，1993年底全村实现了村内产业的股份制改造，成立了种猪场、屠宰场、花木中心等，并于1996年组建了北村人自己的农工贸集团，集约化养殖小区也随后建成。产权机制和组织结构的模仿创新对村域发展起到了重要推动作用，村民成为村级产业的投资者、经营者、受益者，有效解决了资金短缺和激励不足的问题。

（3）2000年至今，现代多功能农业产业化带动村域发展升级。北村立足自身禀赋、瞄准市场需求、强调产研合作，以"发展绿色经济、营造绿色环境、奉献绿色产品、共享绿色生活"为理念，着力发展了花卉苗木、种猪培育、肉猪养殖、农产品加工、农业观光采摘等现代高效农业，推进了沼气工程、集雨工程，形成了极具大城市郊区乡村特色的现代化、循环型村域经济体系，并十分注重创新能力建设、品牌建设以及收入分配和福利待遇的公平性，强调社区综合发展，推动了村域的多功能转型和发展升级。

总体来看，北村的发展是一个典型的通过统筹谋划和创新实践将新兴、高附加值产业环节纳入村域产业体系的过程，据此将村域资源及其资本化收益截留甚至聚集在村内，其发展路径与模式在大城市郊区具有一定的代表性和引领性。

4.3.3　村域转型发展过程中的资源利用变化

1. 土地资源

研究时段内，北村的土地利用结构、程度和景观格局均发生了较大变化（图4-2，彩图4-2）：①在时序变化方面，1967～1992年和1992～1999年土地利用变化的动态度相对较小，最近十年的变化幅度较大；②在空间变化方面，主要表现为居住区南扩、商服区沿交通干线快速增长、工矿用地和设施农用地在远离居民点的地方"飞地式"扩张；③从类型转化来看，大量耕地转变为设施农用地（主要用于生猪、种猪的集中化养殖和温室花卉种植）、独立工矿和商服用地（主要为农产品加工企业用地和第三产业用地）、园地和林地（主要用于花卉苗木种植）和农村居民点用地（主要用于村民居住），土地利用类型多样化程度和耕地细碎化程度明显增加；④从功能演化来看，逐渐由以作物生产功能和集中居住功能为主导的传统功能向集生态化种养、现代化加工、循环化生产、乡土化服务、集中化居住于一体的多功能转型。

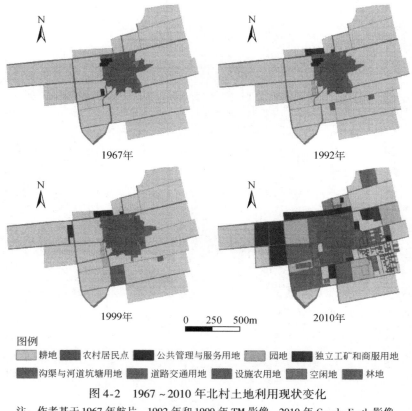

图 4-2　1967～2010 年北村土地利用现状变化

注：作者基于 1967 年航片、1992 年和 1999 年 TM 影像、2010 年 Google Earth 影像，在村民的参与下进行目视解译后绘制

　　耕地的快速非粮化和非农化是北村近年转型发展过程中土地利用变化的重要特征，而宅基地扩张速度同传统农区的村庄用地变化相比则相对较低：①非粮化

主要表现为耕地向设施农用地、经营型园地和林地的转变①，1992～2010年设施农用地面积增加了40.51hm²，而经营型园地和林地面积增加了89.64hm²；②非农化主要表现为耕地向独立工矿用地和商服用地的转变②，1992～2010年该类用地增加了50.03hm²；③1967～2010年农村居民点用地增幅为60.14%，不及传统农区典型村域的一半（王介勇等，2010），其主要原因在于通过内生制度安排对宅基地管理相关法规进行了优化调整，一方面借助村庄发展规划对居民点拓展边界进行了严格控制；另一方面该村还在宅基地申请环节做了有助于实现宅基地集约利用的规定③。总体来看，无论是单位面积投入强度还是产出强度，还是集约度、紧凑度，均较以前有了明显提高，土地利用效率趋向于最大化。在较大程度上体现了"市场引导、规划管控、村企牵头、村民参与、产权明晰、收益共享、集约持续"的特点，将土地增值收益留在了本村。

2. 水资源

北村的用水可分为日常生活用水、农田和苗圃灌溉用水、养殖用水和工业用水：①生活用水。20世纪80年代以来村民生活用水一直为深机井抽取的自来水。②灌溉用水。80年代和90年代初期都是"机井抽水—渠系输水—田间漫灌"模式，利用系数较低；随着水资源的日益稀缺、节水意识的提高和技术经济可行性的增强，北村自90年代中期开始推进了喷灌工程，采取"机井抽水—暗管输水—田间喷灌"模式，大大提高了灌溉用水效率；花卉苗木基地的灌溉用水主要来自机井抽取的地下水，后来采用净化处理后的中水。③养殖用水。在家庭散养阶段主要为自家抽取的地下水，养殖小区建成并投入使用后，采取"干清粪"、统一供水、有偿使用的方式实现节水养殖。④工业用水。工业用水主要为机井抽取的地下水，近年该村投资60余万元为21家驻村企业的供水管道安装了实时监控远传水表，对企业用水进行实时监控管理，企业用水总量由此减少近30%。

---

① 在操作层面，以养殖小区为例。村集体和农工贸集团以租赁的方式收回承包地，建好猪舍、供水系统、排污系统等基本建筑物后，再以相同的租金返租给承租的养殖户（近年亩均年租金约800元）。该方式较好地推进了土地适度流转，促进了农业结构调整、规模化经营和土地利用效率提升。

② 在操作层面，以农产品加工园区为例。村集体和农工贸集团在上位土地利用规划、村域发展规划的指引下，征得村民同意后收回规划工业用地范围内的承包地，"五通一平"后出租给企业（优先考虑农业企业），再将租金以一定比例（约70%）返还村民（近年亩均年租金约3000元）。由此逐渐形成了农产品加工集聚区，促进了北村经济结构调整，也辐射带动了周边村域的农业结构调整。当然，并非所有村域都适宜或有必要建园区，需对发展意愿和土地利用、村镇体系、产业布局等相关规划进行综合评估。

③ 例如，对于只有一个儿子的农户，其儿子在成年结婚时不能再申请新的宅基地，这一制度安排在较大程度上减少了扩张需求和房宅空废，与传统农区大部分村域的申请门槛偏低、审批管控不严形成鲜明对比。

特别地，为实现节水增效，2005 年以来有效开展了村级循环水务工作，自行建设了 2 座村级污水处理站，并对坑塘进行疏通整治以收集雨水和污水处理站的中水。由此，村内绿化用水和花卉苗木基地的灌溉用水大部分来自蓄积的中水，实现了开源节流、水务循环，减少了地下水开采量、降低了用水成本。

3. 能源

北村的能源消费主要包括工业用能和生活用能。工业用能主要为电能，园区内大力倡导节约用电。在生活用能方面：①炊事用能实现了从以秸秆为主向"秸秆+液化气"再向沼气的转变，清洁化、便利化程度提高；②取暖用能从以烧煤为主演变为 2000 年以来的煤电结合；③照明用能自 1980 年以来一直以电为主；④洗澡用能主要发生在冬季，在 20 世纪 90 年代以前以秸秆为主，90 年代末期开始增加了液化气和太阳能，近年该村建立了由太阳能供热的集体浴室，村民打卡洗澡，省钱省事又节水。总体来看，广泛而有效地使用沼气和太阳能等清洁能源是该村 2000 年以来能源消费转型的主要表征，能源利用结构不断优化。

4.3.4 村域转型发展过程中的环境污染变化

1. 农业面源污染

农业面源污染主要发生在集约化农区尤其是蔬菜种植区和南方水稻种植区。北京郊区农业活动对环境污染的主要是来自化肥、农药的不合理使用，特别是 20 世纪 80 年代末期开始推进"菜篮子"工程后尤为突出（郭淑敏等，2004；刘亚琼等，2011）。相较而言，北村的农业面源污染状况并不严重。80 年代中后期到 90 年代中后期的十年间，由于农药化肥施用量逐年增加，产生了轻度的农业面源污染；2000 年以来全村推进了粮食、果品和蔬菜的标准化种植，强调对农业生产的过程监管，农药、化肥的施用严格按照相应的标准化生产规程进行操作，有机粪肥施用比重也有所提高，农业面源污染明显减少。

2. 生活垃圾污染

生活垃圾是困扰我国城乡发展的现实难题。20 世纪 90 年代以前，北村的生活垃圾较少；进入 90 年代后，村民生活水平大幅提高，生活垃圾明显增多，随意堆放造成环境污染；北村于 1996 年开始建设露天的"三面墙"式垃圾堆放点，由村委雇车负责每天清运到村边的指定地点填埋；由于下雨常造成垃圾污水横流，2000 年后开始加盖屋顶；2005 年后，全村施行垃圾分类，每户一个清洁桶，搜集好后倾倒在指定的垃圾堆放点，由清洁工负责清扫公共空间，每天早上由顺义区派来的环卫车辆负责垃圾清运。该村还特别建立了废弃塑料袋的有偿回收制度，鼓励村民积攒废弃塑料袋。目前，基本达到了生活垃圾的"收集社区化、运输专业化、运作社会化、管理规范化"，初步解决了村内的生活垃圾污染问题，但生活垃圾处理方式仍为简单的分类和填埋，环保性、科学性有待进一步提高。

3. 畜禽养殖污染

畜禽养殖污染与普通农业面源污染在产生机制、传播路径和防控措施等方面均有所不同，更具有点源污染的特征，加之大城市郊区畜禽养殖规模往往较大，故将该污染从农业污染中单列。畜禽养殖污染的大小与养殖规模、技术水平、过程监管等因素有关。北村的畜禽养殖在 20 世纪 80 年代中后期就已达到较大规模，年出栏量达数千头，且均为家庭散养，疫病防控措施、粪便处理措施不完善，臭味熏天、污水横流，环境污染严重。尤其在 90 年代中后期达到顶峰。为扩大规模、减少污染、改善环境、增强防疫能力和提高产业竞争力，北村先后实施了集中养殖、生态处理、过程监管三大举措。

北村自 1998 年开始组织推进生态化养殖小区建设。村两委征集民意后在村东南侧划定 1000 亩地发展集中化养殖。每个小区占地 3 亩，其中猪圈占地 1 亩，配套 2 亩菜地，统一、有偿供水，采用干清粪的方式将猪粪施入菜地，而猪尿随沟道统一外排。运行 2 年后，猪尿外排对村外沟道造成严重污染。为彻底减少养殖污染，北村与中国农业大学、中国农科院等单位紧密合作，以规模化养猪场粪水治理的科技项目为依托，于 2002 年投资 500 余万元开工建设沼气站，采用生物发酵生产沼气的先进工艺进行粪水治理，发酵产生的沼气经净化、加压存储于沼气罐后再经由专用管道通向每家每户（图 4-3）。既实现了生态养殖，又变废为宝让全村村民用上了清洁燃料，而分离出的废料沼渣生产生物有机肥，一部分用于村里的种植业，另一部分作为商品出售，排出的废水进行无害化处理达到中水标准后重复利用。为进一步提高资源化利用程度，2007 年北村投资 57 万元建立有机肥厂，利用沼渣及多余粪便进行堆肥化加工处理，制成商品化有机肥。据估计，五口之家的农户使用沼气的年均花费约 300 元，比烧煤做饭节约 700 元，比使用液化气节约 800 元，每户年可节煤 1.5t，全村每年可节约 780 吨标准煤，由此可减排 CO_2 1900t，CH_4 2500t，SO_2 6.63t，NO_x 5.8t，温室气体净排放减少 1833 吨 CO_2 当量，且能在 30 年的设计寿命期内收回全部成本，节能减排、节本增收的效果明显（Duan，2011）。

4. 乡村工业污染

主要指乡村工业企业向环境排放废渣、废气、废水而造成的污染。北村的驻

(a)   (b)

图 4-3　北村的沼气站和沼气灶

（a）为北村的沼气站，大铁罐为容积 700m³ 的发酵罐，远处并排的四个铁罐为储气罐，中部为替代煤炭用于保障冬季发酵温度的太阳能面板阵列；（b）为村民家的沼气灶，由于成本低、火力足、使用方便且清洁无污染而得到村民的一致好评。作者拍摄于 2011 年 12 月

村企业主要从事农产品加工业，如面粉加工、生猪屠宰、食品加工等，污染相对较少。其中，生猪屠宰有一定污染，主要是污水排放，且在 20 世纪 90 年代逐渐加重。但该村自 2000 年年初开始进行废水综合处理，近年建成并运营 2 座村级污水处理站，处理后的水进入水塘净化，然后用于花卉苗木灌溉。总体来看，乡村工业的污染排放较小。

5. 环境污染状况的农户感知

借助当地村民对村域发展不同时期污染状况的主观认知从侧面揭示村域转型发展的环境效应的动态变化。调查时发现，同一指数在同一时点的得分离散程度较低，即村民对环境污染状况的认知具有较强的一致性，可基本反映环境效应变化趋势。由图 4-4 可见：①分项污染指数和综合污染指数均经历了一个先升后降的过程；②注重规模扩张的 20 世纪 90 年代中后期是各类污染相对严重的时段；③ 2010 年的农业面源污染、生活垃圾污染、畜禽养殖污染甚至弱于 1980 年；④环境综合污染指数在 1980 年和 2010 年得分基本相同。总体来看，北村的发展过程中，环境污染状况先是逐渐加重后又逐渐减轻，呈明显的倒"U"形特征。

4.3.5　资源环境效应优化调控的特征及机理

村域是生产、生活、生态三者有机融合而产生的地域空间单元，是典型的"生态−经济−社会"复合系统。以"剖析系统构型—划分演化过程—界定参与主体—明确主体意愿—理清作用关系"为主线，探讨村域转型发展过程中实现资源

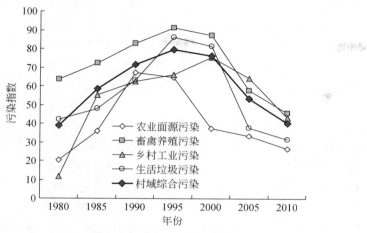

图 4-4　1980 年以来北村环境污染指数变化

注：作者基于北村的农户问卷调查数据整理

环境效应优化调控的内在机理。村域系统可解构为三类结构：①自然–生态结构，主要由资源、环境、生态等要素组成；②技术–经济结构，主要由技术、成本、收益、市场等因素构成；③制度–社会结构，主要由人口与劳动力、社会文化、法律法规、体制机制及政策等要素构成。通常，村域资源禀赋和环境承载有限，因而村域系统运行过程中可能导致当地资源的短缺甚至枯竭以及环境的污染甚至崩溃，引致村域系统结构的转变，由此影响村域系统的良性运行和功能发挥。这时必须实现系统要素、相应结构的优化调整甚至重构，才能保障系统的良性运行。如果系统的自适应与响应机制较强，则可能通过内发行动实现自动优化；如果较弱，则需要一定外部力量的适当介入，通过有效干预实现系统结构优化和功能提升。

改革开放以来，北村经历了缓慢发展、逐渐起步和转型升级三个阶段，其资源环境效应也存在阶段性差异，资源投入从低效率向高效率转变、环境污染从高污染向低污染转变（图4-4），与图4-1（d）的内涵较为一致。北村村域系统自适应机制和外部干预机制的启动是一个多主体参与的过程，包括村民、驻村企业、村两委（村党支部委员会、村民自治委员会）、技术单位、地方政府乃至中央政府。两大机制在不同阶段由于主体的需求不同而存在差异。在发展起步阶段，养殖户、村企经营者等强调扩大规模以实现规模经济，对发展质量尤其是资源利用和环境污染这类具有一定外部性的因素则考虑较少，且缺乏相应的成本适宜的技术，而在政府的决策函数中环境问题的重要度也明显弱于增加经济产出和就业岗位等。但随着资源稀缺和环境污染的状况达到一定程度，以及收入水平和受教育水平逐步提高，社会公众和村域发展主体对资源可持续利用、环境保护的关注度和认知度逐渐增强，并且资源环境问题通过市场价格机制部分地传导给决策主体（如要素价格上涨、优质优价），主体需求从相对单一的生产效益需求，向生产效益与效率、生活品质、人居环境质量等综合需求转型，调控资源环境效应的内发动力由此产生。并且，科学技术进步、经济实力增强、社会资本增加使得技术的可接受度和可获得性提高，加之中央和地方政府的积极引导与适当扶持，为实现调控目标提供了重要前提。

调研发现，北村的资源环境效应优化调控过程可分解为六大环节：①问题呈现，即资源环境问题产生，并由此而影响了主体目标和系统功能的实现。②观察评估，即村域发展相关主体对资源环境问题的过程、状态、成因、后果进行观察、感知与评估，并由此确定需要解决的现实难题及关键问题。③激发整合，主要指村域干部、能人和合作组织激发内部需求、整合外部力量，据此围绕现实问题达成共识，形成调控合力。经以村两委干部、能人、合作组织为核心而开展的各类动员、组织、协调，各主体均相信资源能够得到优化利用、环境污染能得到明显改善，各自所关注的核心目标能得以实现、利益能得到满足（图4-5）。④功能赋予，在市场机制、管理机制、法律法规和情感要素等的综合协调下，相关主体的利益、角色、功能和地位得到重新界定、安排和赋予（表4-2）。⑤联合行动，参与主体各司其职、各显其能，力促技术创新、制度创新，积极推进要素更新和结构优化实践。⑥系统重构，经由前述观察评估、要素更新和结构优化等过程，顺利实现系统功能重构，达到资源环境效应优化的预期目标。大体而言，该过程与行动者网络理论中行动者网络的构建较为相近（Callon，1986；Woods，1998）。

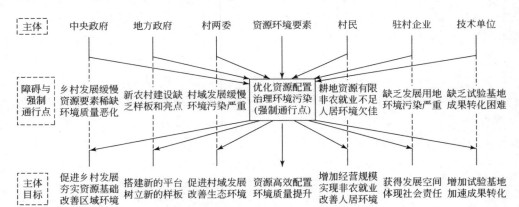

图4-5 北村资源环境效应优化调控实践的主体、主体目标及其障碍和强制通行点

注：作者参考行动者网络理论绘制（Callon，1986；Woods，1998）；该理论中人类主体与非人类主体具有对等性，本章将资源环境要素作为主体一并纳入

表 4-2　北村资源环境效应优化调控实践的主体及其功能定位

相关主体	功能赋予
村两委	主要负责日常组织管理,尤其是激发内部动力、整合外部动力,以实现内外部动力的桥接、协同;村域转型发展及其资源环境效应优化调控实践的组织核心,建构村域发展网络的关键主体
村民	基于主动认知和激发鼓励,积极参与到资源高效利用和环境污染保护的相关环节;能人、养猪合作社也能发挥激发、整合、桥接的作用;村域转型发展及其资源环境效应优化调控实践中劳动、监督、获益的重要群体
驻村企业	经由村两委的动员,积极配合并参与到资源集约利用和环境污染防治中;村域转型发展及其资源环境效应优化调控实践的市场主体,要素流动、转换的主要节点,增加经济效益、体现社会责任是其重要目标
技术单位	以北村为平台,开展资源高效利用技术、污染防控技术等相关技术的创新及示范推广;村域转型发展及其资源环境效应优化调控实践的技术供给主体,强化科技支撑、增加经济效益、体现社会责任是其重要目标
地方政府	执行上级政府指示,在财政、项目、宣传动员等方面给予一定的扶持;村域转型发展及其资源环境效应优化调控实践的政府主体,不错位、不越位、不缺位是公众对其的基本要求
中央政府	通过法律法规和宏观政策构筑了村域发展的外生制度体系;架构村域转型发展及其资源环境效应优化调控实践的制度与政策背景,从大政方针方面对实践给予支持和认可
资源环境要素	作为村域发展的关键要素,与人文要素具有同等的重要性,是资源集约节约和循环利用的直接对象;村域转型发展过程中资源环境效应优化调控的目标主体

注:作者基于在北村的调查研究整理

　　总体来看,北村实现资源环境效应优化并由此促进村域转型发展的内在机理在于,以村域干部、能人及合作组织为核心,成功激发了普通村民和驻村企业的内生需求,有效整合了各级政府、技术单位的外部力量,并以优化资源环境要素促进村域转型发展为共同目标,顺利构建了目标明确、功能明晰、技术可行、效益良好的行动者网络。该优化调控实践具有如下特征(表4-2):①村民的主观认知与内在需求是优化调控的内生动力。村民对资源环境问题及时形成主观认知并转化成转型发展和环境改善的内在需求,成为优化调控的重要动力。②技术经济可行性是优化调控的重要前提。如果缺乏相关技术或是技术成本太高,优化调控势必难以开展。③技术协作单位对于村域发展网络的构建和资源环境效应的优化调控起科技支撑作用。驻村企业与高校、科研单位的长期紧密合作实现和确保了科学研究和生产应用的有机结合。④内生或外生的制度安排及制度创新是优化调控的管控力。如内生的生活垃圾处理机制、土地流转机制、宅基地管理机制,以及外生的农业农村发展制度体系、股份(合作)制等,对资源环境效应优化调控具有重要作用。⑤政府的引导与扶持是优化调控的重要助动力。如基本公共服务的有效供给、对相关创新举措的扶持和奖励政策等均起到了较好的促进作用。⑥村域干部、能人及合作组织起到了激发、整合、动员和组织的重要作用。如村干部的统筹协调、能人的示范带动、养殖合作社的宣传动员对意愿分析、战略制定、实践推动起到了突出作用。⑦驻村企业的积极配合与有效参与也是优化调控得以顺利开展的重要因素。

4.3.6　大城市郊区资源节约–环境友好型村域发展途径思考

北村的转型过程、运行特征与资源环境效应调控对于大城市郊区村域发展具有较强的借鉴价值。在城乡转型发展新时期，大城市郊区资源节约–环境友好型村域发展的重要方向在于，立足紧邻城市的区位优势和乡村性较强的资源禀赋，维系传统或现代农业生产，维持和保护乡村景观，构建生态化的农业食物链，向城镇居民提供安全、优质的农产品以及观光休闲、餐饮会务等服务。该发展路径融合了农业发展的生产主义范式和后生产主义范式中的积极成分，符合多功能农业发展范式的内涵（Wilson，2001，2007），其实践也可视为一种行动者网络的建构，是一个多主体协同参与的，由认知、需求、责任、科技、利益、政策及制度等因素相交织的复杂过程。基于北村经验，具体到操作层面：①可充分发挥合作社/股份制企业在农资购进、日常生产、技术服务、产品销售等环节的组织、协调作用；②应采用标准化生产确保种植产品和肉蛋奶产品的品质，强调与技术支撑单位的产学研合作，逐步以轮作、间套作实现病虫害的生物防治；③以沼气系统为核心实现物质循环、能量流动和节本增效；④强调以村干部、能人和合作社为主体，基于共同利益、公众参与和相互信任，同村域发展密切相关的厂商、机构、组织建立广泛而密切的联系；⑤尽量减少从基地到消费者的过程环节，以降低成本、保障农产品安全；⑥以农业的专业化、清洁化生产促进产业竞争力提升，进而加快村域人居环境和社区建设进程，实现以社区居民为核心的综合发展；⑦加工企业布局应综合考虑现状规模和发展潜力，适度集中布局在交通相对便利、水资源供给有保障的中心村镇附近。

4.4　小　　结

（1）改革开放以来北村经历了缓慢发展、发展起步和转型升级三个发展阶段，其资源环境效应具有动态性、复杂性和趋稳性。在资源利用方面，土地利用的非农化和非粮化促进了经济效率提升，水资源利用效率由于节水工程的有效实施而明显提高，能源利用效率也逐步提升，尤其是沼气工程起到了"节本、增效、减排"的综合效果；在环境效应方面，农业面源污染、畜禽养殖污染、乡村工业污染和生活垃圾污染均经历了"低污染—高污染—低污染"的倒"U"形转变，在一定程度上印证了村域尺度环境库兹涅茨曲线的存在。

（2）北村实现资源环境效应优化调控的过程可分为问题呈现、观察评估、激发整合、功能赋予、联合行动和系统重构六个环节。调控目标得以实现的内在机理在于，以村域干部、能人及合作组织为核心，成功激发了普通村民和驻村企业的内生需求，有效整合了各级政府、技术单位的外部力量，并以优化资源环境要素为共同目标，顺利构建了目标明确、功能明晰、技术可行、效益良好的行动者网络。该网络的建构是一个多主体协同参与的，由资源、环境、认知、需求、责任、科技、利益、政策及制度等因素交织于一体的复杂过程。

（3）农户和企业的深度参与与精诚合作、城乡消费者的理性选择与积极推动、各级政府的有效规制与科学引导是大城市郊区村域转型发展和资源环境效应优化调控的"三驾马车"。实践难点往往在于如何增强内发响应机制、优化外源干预机制，推进村域系统自然–生态结构、技术–经济结构和制度–社会结构的匹配、融和与联动。"公众参与、社区支持，农牧结合、农旅互动，循环利用、清洁生产"可作为该类型区村域发展的基本理念，优化调控实践应注重环保意识、发展能力、社会责任、科技支撑及管控机制的提增、完善和耦合。

（4）我国 50 多万个行政村承载着超过 6 亿的农村人口，村域转型发展过程中节约资源的潜力巨大，治理污染的任务艰巨。本章仅对大城市郊区农业产业主导的内生发展型村域进行了初步分析，仍需开展更多类型的案例研究，如加强对受城镇生活污染和工业污染胁迫区、传统农区典型村域的剖析。据此，更为全面的总结经验、提炼模式，构建更有助于推动发展、节约资源、保护环境、实现生态文明的农村综合发展机制。在方法层面，本章的参与式土地利用制图、环境质量感知等方法较为可行，今后可加强客观指标与主观指数的有机结合。

第五章 参与式空心村土地综合整治的
机理与效应研究
——以河南省郸城县赤村和王村为例

在当前我国的快速城镇化进程中，农村空心化也在不断加剧。在宏观层面表现为农村常住人口和户籍人口均在快速减少，而农村居民点用地仍在增加；在微观层面表现为空心村的大量出现。黄淮海平原农区是我国农村空心化最为严重的区域之一，在区内科学推进空心村整治对于增地、稳粮、促发展具有战略意义。本章以区内河南省郸城县的赤村和王村为例，基于座谈、访谈和问卷调查资料，深入剖析其空心村整治的过程、机理、效果、适应性和障碍点。分析认为，案例村域通过参与式农村土地综合整治与配置，特别是借助自组织的乡村规划、民主决策机制、内生性制度创新等，实现了农村土地综合整治的预期目标，改善了乡村生产生活条件，增加了耕地面积，并在一定程度上促进了乡村产业的发展。案例村域的整治实践对于新时期的参与式农村土地综合整治和村镇发展具有重要参考价值。

5.1 引　　言

当前，快速城镇化推进我国城乡发展逐步转型，该进程中的一个普遍现象是农村人口非农化引起"人走屋空"，以及宅基地普遍"建新不拆旧"，新建住宅逐渐向外围扩展，由此导致村庄用地规模扩大、闲置废弃加剧。这一不良演化过程被称为农村空心化，可视为乡村地域系统演化的特殊的阶段性形态，其本质是农村地域经济社会功能的整体退化（刘彦随等，2009a）。在宏观层面，表现为农村户籍人口和常住人口的快速减少，而居民点用地仍呈增长态势，以致城乡建设用地"双增"（李裕瑞等，2010）；在微观层面，"空心村"是其现实表征（薛力，2001；王成新等，2005；龙花楼等，2009；张正河，2010）。随着农村空心化的广度、深度的不断加剧，使得其逐渐成为我国农业和农村发展面临的重大问题（刘彦随等，2009a；周祝平，2008；张正河，2010）。在当前农村空心化加剧、土地供需矛盾凸显、城乡关系转型的关键时期，完善农村土地利用管控体系，推进农户参与式农村居民点用地综合整治，以科学调控农村人口快速减少过程中的农村居民点用地变化，是保障耕地红线、增加建设用地指标和推进新农村建设的重要途径（刘彦随等，2009a；李裕瑞等，2010；张正河，2010；Wang et al.，2012）。从政府层面来看，"大力推进农村土地整治恰逢其时"已成为共识（徐绍史，2009）。

关于农村空心化和农村土地整治，近年学界已开展了大量研究。在农村人地变化格局方面，王介勇等（2010）利用遥感影像和入户调查数据分析了典型村域居民点用地扩张特征，李裕瑞等（2010）从宏观视角分析了我国农村人口和农村居民点用地的时空变化；在农村空心化的理论构建方面，刘彦随等（2009a）对农村空心化的理论与学科视角进行了系统分析，龙花楼等（2009）基于典型村域的空心化格局探讨了空心村演化的特征及其动力机制；在农村居民点土地整理潜力方面，朱晓华等（2010）提出了空心村用地潜力调查的技术方法体系，宋伟等（2006）、林坚和李尧（2007）等提出了区域农村居民点整理潜力的多种测算方法；在农村土地整理的操作层面，谷晓坤等（2007）、高建华和李会勤（2003）分别对典型的区域模式、村域模式进行了剖析，姜广辉等（2008）划分了北京市平谷区农村居民点用地空间结构调整类型并分析了不同类型的调整方向，赵海林（2009）深入剖析了农民集中居住的策略，陈玉福等（2010）从理论层面提出了农村土地综合整治的三种模式；此外，Sun 等（2011）探讨了中心社区建设的理论模型，贾燕等（2009）基于"可行能力"视角对农民集中居住前后的福利变化进行了定量评价，Tang 等（2012）探讨了城乡土地统筹配置中的利益分配问题。

总体来看，学界在农村空心化的过程及机理揭示已取得明显进展，起到了积极的决策支撑作用，但对不同尺度区域内代表性操作模式的整理过程、存在问题的系统分析仍相对薄弱（Long et al.，2012）。当前，地方政府主导下的农村居民点整理和集中居住过程中，强拆、"被上楼"等事件时有发生，更是凸显了加强相关研究的必要性。村域是中国农村研究的传统视角和新农村建设的前沿阵地（狄金华，2009；邓大才，2010；顾益康，2010），且是农村公共物品供给的重要行动主体（贺雪峰和郭亮，2010；陈传波等，2010）。本章拟以黄淮海农区成功开展了空心村整治的赤村和王村为典型案例，基于访谈、座谈及问卷调查资料，对其空心村整治过程、机理、效果、经验、适应性和障碍点等进行全景式分析，并由此得出相关启示，以期为新时期的农村土地综合整治和村域发展实践提供典型案例支撑和决策参考。

5.2 农村空心化进程中的土地综合整治与社区复兴

快速工业化、城镇化进程中，欧洲、北美、澳大利亚及其他许多发达国家和地区经历了快速的人口变化和社会经济转型，这在第二次世界大战以后极为明显。大量乡村人口向城市地区迁移，并由此造成乡村人口快速下降（Clout，1972；Cloke，1979；Walser and Anderlik，2004；Alston，2004；Bjorna and Aarsaether，2009；Stead，2011；McGreevy，2012）。乡村的吸引力快速下降，公共基础设施建设和公共服务供给也有所下降。此外，城市扩张侵占耕地、乡村社区人口减少，乡村贫困，农产品供给不足、农村住宅空废化成为该过程中的普遍现象（MacDonald et al.，2000；Bjorna and Aarsaether，2009；Long and Woods，2011；McGreevy，2012）。针对这些问题，许多国家和地区出台相应的政策措施来让乡村经济变得多样化、促进乡村产业发展、完善乡村公共基础设施（van der Ploeg et al.，2000；Bjorna and Aarsaether，2009；Natsuda et al.，2012）。特别是，在增长极理论、中心地理论、门槛理论及其他相关理论的指导下，英国、比利时、以色列、罗马尼亚及前苏联等国家还推进了中心居民点（key settlement）建设或居民点优化实践，意在借此以一些新的乡村增长中心为核心，重构传统的分散的乡村聚落格局（Clawson，1966；Clout，1972；Cloke，1979；Williams，1985；Daniels and Lapping，1987；Palmer，1988；Cullingworth and Nadin，2002；Randolph，2004；Wegren，2006；Mason，2008；Cullingworth and Caves，2009；Woods，2010）。但是，此类举措多是"自上而下"制定的政策、编制的规划、建立的投资机制，由此带来不同的结局（Daniels and Lapping，1987；Abrams et al.，2012；Berke et al.，2013；Cabanillas et al.，2013；Pasakarnis et al.，2013；van Assche and Djanibekov，2012）。在部分地区，基础设施建设和乡村聚落优化实践被证明是有效的，但相较而言，经济发展计划则获得了更多的成功（Sillince，1986；Daniels and Lapping，1987；Palmer，1988；Long and Woods，2011）。

基于对过去实践经验的总结，在发展计划中融入当地人口需求的参与式发展模式，逐渐受到认同，并自20世纪70年代开始成为促进区域发展的重要模式。作为曾是主流的"自上而下"发展模式的替代，参与式乡村发展日益成为促进乡村发展的主要途径（Chambers，1994）。可为乡村发展创造更好的生产生活条件，且能促进资源和公共基础设施更能可持续利用的土地整治，常被用来作为乡村发展的特殊工具（Miranda et al.，2006）。参与式农村土地整治和社区发展行动获得了较大成功，甚至对于破解农村人口空心化问题也有积极效果（Vitikainen，2004；Miranda et al.，2006；Pašakarnis and Maliene，2010）。随着城镇化工业化的快速发展，生态和社会变化给乡村的经济、社会、文化和生态价值带来新的内涵。城市居民也逐渐意识到乡村生活可作为城市生活的必要补充。越来越多的城市居民返回乡村，这一逆城市化过程给乡村发展带来新的机遇和挑战。大量乡村社区得到复兴。在理论总结方面，许多学者探讨了参与式乡村发展、乡村网络、多功能乡村等乡村发展范式（Chambers，1994；Botes and van Rensburg，2000；Murdoch，2000；van der Ploeg and Marsden，2008；Ryser and Halseth，2010；Olfert and Partridge，2010）。行动者网络、制度厚度、社会资本及其他要素也被用于解释新时期的乡村发展（Low et al.，1995；Binns and Nel，2003；Bjorna and Aarsaether，2009；Marsden，2010）。这对于当前和今后一段时期的乡村发展实践具有重要指导意义。

当前，中国乡村的人口和经济状态与发达国家在第二次世界大战结束后的快速工业化、城镇化阶段较为相近。尽管中国的人口仍在增加，但许多乡村也面临着快速的人口外流问题。超过1.5亿的农村劳动力长期在县以外的地方从事或寻找着非农工作（李裕瑞等，2010）。农村空心化给可持续乡村社区发展带来巨大障碍（刘彦随和刘玉，2010；崔卫国等，2011）。与发达国家不同，优质耕地快速减少和城乡居民点的快速扩张是我们讨论最为广泛的话题之一（Li and Wang，2003；Lin and Ho，2003；Ding，2003；Lin，2010）。农业土地的丧失威胁整个国家的粮食安全大计，而过度控制城市扩张则又有可能掣肘当前的工业化和城镇化进程。这两个方面很难调和，较为折中且可行的办法是提高城乡居民点的土地利用效率。土地整治可作为新时期推动中国乡村持续发展的重要途径（刘彦随等，2011；Long et al.，2012，2014；Huang et al.，2011）。新近研究表明，中国农村土地整治的潜力巨大，在不同的城镇化情景下，空心村整治的增地潜力可达699.19万~992.16万 hm^2（Liu et al.，2013）。中国正着力增加农业和农村发展方面的投资，用于基础设施建设和农村土地综合整治，以重振乡村社区和提升土地利用效率。2012年3月27日，经国务院批准，国土资源部发布《全国土地整治规划（2011—2015）》，该规划提出先期建设4亿亩高标准基本农田以保障国家粮食安全，整治30万亩农村居民点土地以优化乡村聚落。当然，尽管如此，通过农村土地综合整治以有效、可持续的促进农业和乡村发展，仍有很长的路要走（Huang et al.，2011）。国内外在农村土地整治和乡村社区发展方面的理论总结和实践经验可为乡村社区更新提供有益参考。本章重在讨论当前的具有中国特色的农村人地关系和"村庄—政府"关系背景下，科学推进乡村重构和村庄更新时，中央政府、地方政府及其他相关行动者需要密切关注的主要问题，进而为创新农村土地综合整治与配置提供有益参考。

5.3　数据来源与分析方法

黄淮海平原农区是我国重要的粮食和主要农产品生产基地，但也是快速城镇化工业化进程中农村空心化最为严重的区域之一。在"城占村扩"的双重胁迫下，区内耕地快速减少，农村人均居民点面积仍高达 196m²，比 150m² 的国家标准高出 30%，以致农村人地关系愈加紧张。由此，在该区因地制宜科学推进农村居民点整理，有助于增加耕地面积、保障国家粮食安全、促进新农村建设和加快城镇化进程，具有战略意义。作者近年调研了区内河南省的大城市郊区（郑州市惠济区）、大城市郊县（荥阳市）、传统工业强县（新乡县）和传统农业大县（郸城县）的乡村发展情况，并着重调查了 13 个村在产业发展、新农村建设、空心村整治方面的做法和进展。鉴于郸城县赤村、王村在空心村整治方面的做法较具代表性，本章拟以这两个村为案例，进行深入分析。调研期间，作者同县乡干部、村干部、典型村民进行了广泛座谈和深度访谈；在赤村和王村分别随机抽取了 24 个和 22 个农户进行问卷调查；利用新农合农户登记资料记载的家庭人口资料，分别随机抽样调查了 90 户和 74 户村民在人口年龄、农业生产、外出就业、收入水平等方面的基本情况，并建立农户信息数据库。由此，构成了本章研究所需的数据资料。

5.4 空心村整治的过程与效应之案例一：赤村

赤村隶属于郸城县胡集乡，曾是当地典型的空心村，外出务工人口多、农村居民点面积大、房宅空废比例高。针对日益加剧的农村空心化问题，该村在村干部的带领下，自主规划、自拆自建，大力开展了参与式空心村整治实践。整治后，居民点面积由 475 亩减少到 130 亩，新增耕地 340 亩，村民住房条件和村庄人居环境明显改善，基本实现了"整治—增地—促发展"的目标，推动了新农村建设。赤村的空心村整治实践具有明显的内生性，并由此而显现出较强的适应性，对于传统农区的空心村整治和新农村建设具有明显的借鉴意义。

5.4.1 问题呈现

赤村远离城镇，村域经济以农业生产和外出务工为主。在始于 20 世纪 90 年代初期的新一轮改革开放热潮中，赤村村民逐渐开始大量外出务工，并由此带回了可观的收入。由于家庭住房条件差、村庄人居环境差，村民建房意愿普遍增强。通常，农户建房决策是一个对自身偏好和制度、社区、环境约束进行综合分析的过程。由于农村土地管控制度体系本身即不完善，尤其是对宅基地审批、监管不到位，缺乏宅基地流转、退出机制，加之村域是一个典型的熟人治理的社会，基层组织的监管能力有限，也严重影响了农村宅基地管控体系的执行效率。并且，宅基地新址获取的机会成本很低，村民甚至私自交换耕地获得宅基地，致使新宅选址的随意性。最终，缺乏引导与约束的农户建房行为导致村庄旧宅空置废弃、新房布局无序，村庄"内空外扩"的空心化加剧，既造成村庄人居环境进一步恶化，也造成农业生产核心要素耕地不断被侵占。该空心化过程一直持续了十余年，赤村成为当地典型的空心村，旧村占地 475 亩，户均占用居民点用地近 2 亩，人均占地超过 $260m^2$，远高于 $150m^2$ 的国家标准。

5.4.2 战略决策与规划

针对"只见新房，不见新村"的现象，1998 年时任村委会主任的田梅就在村两委会议上提出了整体搬迁建设新村的建议，但当时的农户经济实力不强且思想观念相对落后，加之当时政府在农业和农村发展方面主抓粮食和农业结构调整，对村庄整治没有相应的政策支持，这一建议被暂时搁置。但田梅仍借助各种机会，向村民阐述她关于整体搬迁建设新村的想法。直到 2005 年 10 月，十六届五中全会提出了新农村建设的国家战略，已任村支部书记的田梅再次提出了"整治空心村、建设新农村"的建议，得到村两委的一致认同。这主要缘于村庄人居环境日益恶化，而随着一系列惠农政策的出台以及外出务工的增多，农户收入和积蓄都有大幅增加，改变村庄面貌的愿望日益强烈，整体搬迁建设新村的时机相对成熟。但在当时的郸城农村，新建一幢中档水平的二层楼房要十来万元，通过拆旧建新进行空心村整治，对于人均年纯收入仅 4000 元的村民而言无疑是件大事、难事。要想征得村民的一致同意并达成统一行动，必须要有很好的方案，且能让村民切实想象到整治后能带来的好处。为此，村两委组织开展了一系列的前期准备工作。

第一阶段：村两委进行相关调研与商讨。自 2005 年开始，经过一年多的深入调研和讨论，村两委一致认为赤村具备了开展空心村整治和新农村建设的两个基本前提，即整治增地潜力大、农户经济实力强，且新一轮建房热潮即将到来，农户建房积极性高，整治时机成熟。赤村有必要、有能力进行新村建设，改善村容村貌、提高生活水平，树立"整治空心村、建设新农村"的先进典型。

第二阶段：交流学习、集思广益，形成初步规划方案。为让村民对空心村整治和新农村建设有直观的认识、解放思想、增强村民参与新村建设的动力，村两委组织村民代表到河南省新乡县以及本县的常营村等地参观学习、吸取经验，并通过逐户走访向村民广泛征集村庄规划、政策处理的意见和建议。本着不占一分耕地，不增加村级财务负担的原则，形成了囊括新村选址、新宅基地分配、新房选址、基础设施建设、旧村复垦再利用等内容的初步规划方案，制订了政策处理意见，提交全体村民，进行公示，征求意见。经数次修订得以完善。

第三阶段：多次召开民主会议，最终形成实施方案。2005～2007 年赤村召开了 10 余次村两委会议，广泛征求村民的修改意见，审议和完善规划方案，并提交村民大会决议。最终，赤村于 2006 年 10 月的秋收之后召开了关于整体搬迁建设新村的村民大会，参会的 600 多个村民无记名投票表决，94% 的参会村民同意并通过了规划和实施方案。

对 24 个抽样农户的调查发现（表 5-1），在规划建设规划编制过程中，村民的参与权、知情权得到了很好的体现，这对于充分了解民意、增强规划方案的适用性、减少实施阻力、推进实施进程具有重要意义。

表 5-1　赤村新村建设规划编制过程中农户的参与情况

问题	农户填答结果
新村规划编制时您的参与性如何？	参与了重大决策：5 户；提出了一些建议：3 户；没有参与：16 户
编制规划时征询过您的建议吗？	征询了：24 户；没有征询：0 户
您对新村建设规划的了解程度？	完全知道：18 户；知道较多：3 户；知道较少：3 户

数据来源：基于赤村 24 份农户问卷数据整理

5.4.3　行动

赤村的"拆旧村、建新村、增耕地、促发展"行动始于 2007 年 3 月。由于前期宣传、动员到位，村民积极性高。新村建设得到乡政府的重视，专门指派了一名副乡长负责协调，并抽调土管、城建等部门精干人员，组成工作组，监督指导工程施工并动员村民尽快进行拆旧建新。关于旧房、新房宅基地丈量工作，由乡干部、村干部、村民代表和户主本人一起参加丈量，新建房屋统一间距和建筑模式。村民自己拆掉自家旧房，并根据统一的规划，到分配的指定位置自己建造新房①。赤村的新村建设得到政府的高度关注和大力支持：2008 年，成为县委书记的联系点，县政府派出了国土局牵头的工作队，工作队整合土地整理项目资金60 多万元，负责整理腾出的原有居民点土地；2009 年，成为周口市纪委书记的

---

① 这一统一规划、自拆自建的空心村整治方式即学自新乡县。作者于 2010 年 5 月 26 日到该县调研。新乡县是河南省典型的工业县，该县的空心村整治工作进行的相对较早，其主要特征是统一规划、自拆自建，整理出来的集体建设用地多用于工业园区建设，而政府在水泥等建材方面给予部分扶持。当前，黄淮海地区空心村整治逐渐得到开展，拆旧建新的方式主要有两大类：一类是由村集体或村集体委托建筑公司进行统拆统建，然后村民购买；另一类是村民自拆自建。调研发现，村民对自拆自建模式更为满意，主要原因在于，村民对整个建造过程可以灵活掌握，对各项用度开支完全知情，账目透明，且原有建筑材料可以得到充分的再利用，并减少了开发商的利润环节，有助于减少成本。

联系点，纪委书记整合落实各类项目资金 100 余万元，在县农开办、农业局、电业局、国土资源局等部门的全力支持下，完成了有关路、井、桥、电等基础设施建设，开展了道路硬化、下水道、电力设施、学校等公共基础设施建设。由于地方政府、村两委、村民代表及党员和先进分子的综合推动，很好地调动了村民搬迁和新房建设的积极性，拆旧建新顺利开展。

5.4.4 效果

新村建设历时三年，取得初步成效：截止到 2010 年 6 月，旧村房屋已基本拆除完毕，群众自筹资金 2700 多万元自主规划、自主设计、自行修建的 230 余套新房已建成入住；地方政府整合各类支农项目资金开展的新村基础设施建设已基本完工，村内 3km 巷道全部实现硬化并安装了路灯，道路绿化业已完成，村内下水道已投入使用，垃圾"集中搜集—统一处理"机制已经建立并正常运行，占地约 4 亩的文化广场也正在筹建中，自来水工程项目正在建设。具体而言，赤村"空心村整治—新农村建设"成效主要体现在如下方面：

（1）耕地面积增加。新村占地 130 亩，与占地 475 亩的旧村相比净增耕地 345 亩。根据规划和村民大会决议，新增耕地在整治工作完结后用于发展大棚蔬菜种植等高效农业。由此，以每亩年均纯收入 3000 元保守估计，可带动村民的人均纯收入增加近 900 元。

（2）人居环境改善，生活质量提升。户均投资 12 万元新建的楼房整齐别致，巷道实现硬化、亮化、绿化，村内基础设施配置明显完善，村庄人居环境显著改善，实现了"村容整洁"和生活质量提升（表 5-2）。访谈中村民说得最多的就是"下雨天走路再也不踏泥了"，而清晨在宽大整洁的村内道路上跑步锻炼已成为村民津津乐道的新生活方式。

（3）创新实践了基层民主治理。村两委贯彻和创新实践了基层民主制度，空心村整治和新农村建设充分体现了自发、参与、民主决议的特点，干群关系也由此变得更加紧密和谐。

总体而言，赤村的拆旧建新有力地推进了新农村建设（图 5-1）。用村民的话说，"距'生产发展、生活宽裕、村容整洁、乡风文明、管理民主'的新农村建设目标越来越近了"，甚至有村民自豪的认为，"我们这里就是新农村"。

表 5-2　农户对空心村整治效果的评价

问题	农户填答结果
整治后本村交通条件有何变化？	明显改善：24 户；略有改善：0 户；没有变化：0 户；变差：0 户
整治后村庄人居环境有何变化？	明显改善：23 户；略有改善：1 户；没有变化：0 户；变差：0 户

问题	农户填答结果
整治后您家生活质量有何变化？	明显改善：23 户；略有改善：1 户；没有变化：0 户；变差：0 户
您对整治效果是否满意？	很满意：20 户；比较满意：4 户；不满意：0 户；非常不满意：0 户
您觉得本村村民有多少人觉得比较满意？	不到 50%：0 户；50%～60%：0 户；60%～70%：0 户；70%～80%：0 户；80%～90%：1 户；90% 以上：23 户；

数据来源：基于赤村 24 份农户问卷数据整理

(a)　　　　　　　　　　　　　　(b)

图 5-1　赤村"空心村整治—新农村建设"效果

注：照片为作者在该村调研时拍摄。（a）为新村景象；（b）为部分新整理出的耕地

5.5　空心村整治的过程与效应之案例二：王村

与赤村一样，王村也远离城镇。20 世纪 90 年代的人口就业快速非农化进程中该村的空心化演化不断加剧，1998 年全村村庄面积达 850 亩，人均高达 360m²。该村以 1998 年的土地承包权调整为契机，利用一块 76 亩的低洼易涝土地，逐渐发展成郸城县东部片区最具规模和活力的乡村集市之一。在集市发展过程中，通过系列措施使原有居民点不断向集市迁并整合，有效治理了空心村，新增耕地 600 余亩，实现了土地的集约高效利用。2009 年该村农民人均纯收入达 4900 元。王村的发展转型可视为以非农产业发展引导空心村整治的典型。

5.5.1　契机

1998 年，王村进行新一轮土地承包经营权调整。在调整过程中，76 亩耕地因为地势低洼易涝，难以依法发包。时任村党支部书记的王强经过调查分析认为，"粮食生产的经济效益太低，外出务工只是一种权宜之计，而发展加工制造业的投资门槛太高，发展集贸市场应是比较好的方向，村民不但能够做点买卖，还能通过逐渐建设新村把旧村腾出来重新变为耕地，解决人口增多、耕地减少的问题"。由此，在一次村党支部会议上，王强结合当地农村发展现状和村庄发展实际，提出了建立集市的建议。这一提议得到支部委员的赞同。由此，经过村两委开会、村党员大会、村民代表大会和村民大会层层开会讨论，确定了要把王村发展成当地农村大型集市的战略思路。

5.5.2 规划

建立集市必须要有科学而详尽的规划，对集市布局、宅基地腾退、新村建设等进行时空统筹安排。为此，王村人从 1998 年即开始编制集市发展规划。规划编制分为三步：第一步，成立规划编制小组。王村成立了一个由村党支部委员、村委会委员、党员代表、群众代表共 18 人组成的规划编制小组，负责集市发展规划的编制工作。第二步，广泛学习、深入调研，逐渐形成规划方案。规划编制过程中，规划人员一方面到本县各大集市进行考察学习吸取经验教训；另一方面深入农户，了解农户的想法和建议。第三步，民主表决通过规划方案。规划方案初稿形成后，经过村委会议、村党员大会、村民代表大会和村民大会四级会议的民主表决，修订、完善并通过了规划方案，并于2000 年起开工建设。整个规划过程较为透明，村民的参与性得到了很好的体现（表5-3）。

表5-3   王村集市和新村建设规划编制过程中农户的参与情况

问题	农户填答结果
新村规划编制时您的参与性如何？	参与了重大决策：8 户；提出了一些建议：7 户；没有参与：7 户
编制规划时征询过您的建议吗？	征询了：21 户；没有征询：1 户
您对新村建设规划的了解程度？	完全知道：8 户；知道较多：9 户；知道较少：5 户

数据来源：基于王村 22 份农户问卷数据整理

5.5.3 行动

（1）集市硬件条件建设。建设集市需要以一定的硬件条件为前提，在当地最重要的是门面房和道路交通。首先，在房屋建设方面。根据王村人自己编制的规划，村民自 2000 年开始在 76 亩低洼地上建房子①，到 2002 年时已有约 100 户新房，基本具备建立乡村集市的规模，2002 年农历十一月初八，王村集正式启动。其次，在道路交通方面。道路交通条件不好曾是制约王村集发展的不利因素，好在该村于 2004 年被纳入"村村通"工程②，工程竣工后，村委及时向交通局申请开通了县城到王村的客运公交，由此改写了该村不通柏油路、公交的历史。"村村通"起到了引导群众建房的作用，并且有效促进了集市的发展。

（2）集市管理制度建设。经多次自发外出考察先进地区的集市发展情况，王村人发现，完备的管理制度和良好的秩序是市场得以持久繁荣的前提。为此，王村成立了由村干部和老党员组成的集市管理委员会，负责集市的日常管理，提供诸如秩序维护、争端仲裁等基本服务。商户普遍反映，管委会在集市日常运行中发挥了巨大作用。此外，建立了垃圾收集处理机制，由专人负责收集，商户只需花很少的成本；每年举行"好商户"评比活动，以树典范，促进发展。集市管理制度的建立和完善对王村集的发展起到了很好的促进作用。

（3）新村住房规划建设。根据规划，村民建房必须遵循规划布局要求，不得乱建。具体而言，规划中对户型结构、面积大小均作了规定。例如，对于户型，所有新房的一楼必须是门面房的结构，以预留未来发展空间；邻家共用墙体，临街宽度分 3 个级别。

（4）新村管理制度建设。在村支书的倡导下，王村建立和完善了一整套有助于新村发展的民主决策机制和奖惩激励机制。首先，民主决策机制。在王村，一般性事务多由村两委和村民代表开会决定，重大事务则由村民大会决定，决议按规定进行张榜公示。其次，奖惩激励机制。王村每年年底都要开一次特别的村民大会，进行"好媳妇""好婆婆""好教师""好学生""好党员""好干部"评选，获得上述荣誉称号的村民都要身着正装佩戴大红花拍照，照片会常年挂在本村的光荣榜上面。此外，对于有违村规民约的村民，如酗酒、打牌者，将在村

---

① 根据规划方案：先建房的农户对新房选址有优先选择权，可先选择区位好的地块；新房占地面积统一为 15×10.8 m，较以前明显更加节约土地；邻家共建公用墙壁，以降低成本；根据布局方案，临街道路宽度分为 20m、25m 和 30m 3 个级别；由于届时建房多了可能涉及超出 76 亩地的边界，根据规划，采取了内部流转的办法，具体而言，假如 A 户建房可能占用 B 户的耕地 1 亩，A 户每占用 1 年，就补偿 B 户 600 元，由于每户占地面积明显低于以前的宅基地面积，因而总体不会对耕地造成过量占用。在建新房后，应及时将原有宅基地腾出，如果原有 2 亩宅基地，扣除新建房屋面积后所节约出来的面积会由村委会专人记录建档，以利于补充耕地后进行耕地分配。土地面积均由村委组织专人在村民在场的情况下公开丈量。

② 按原有计划，"村村通"工程仅将道路修到王村的旧村，经村委多次申请，有关部门最终同意将道路延伸修到集市。该工程总共投资 20 万元，其中政府投资 15 万元，王村人自己筹集了 5 万元。此外，还有一条由政府投资 10 余万元修建的"扶贫路"，是砖铺路，村民普遍认为，"政府只让修成砖铺路，但是这样修成砖铺路纯粹是浪费钱，又窄又不耐压，过两年肯定就会被拆掉"。

民大会上被点名，接受群众批评教育。

5.5.4　效果

王村新村自 2000 年兴建以来，已入住 305 户，约 1750 人。全村现有东西街道 3 条，南北街道 12 条，总长 7.6km，已全部硬化。其中，柏油路 3km，水泥路 1.4km，砖铺路 3.2km。农村供电网改造已完成。村内电话入户率 95%。总体来看，村民对集市建设和空心村整治的效果比较满意（表 5-4）。具体而言，主要体现在如下方面：

（1）集市快速发展。自 2002 年以来，王村集成为固定集日，每逢农历的双日赶集。集市总体面积由 2002 年时的 70 余亩增加到目前的 210 亩。全村有近 200 个农户在集市上做生意，占村农户总数的 2/3。此外，还吸引了 80 余个外来商户。王村集可辐射郸城县城东面的十来个乡镇，腊月逢集时赶集人口规模能达到两万人。集市商品种类繁多，大件商品如电视、冰箱、洗衣机、摩托车等均有销售，总体规模不亚于乡镇集市。

表 5-4　农户对空心村整治效果的评价

问题	农户填答结果
整治后本村交通条件有何变化？	明显改善：21 户；略有改善：1 户；没有变化：0 户；变差：0 户
整治后村庄人居环境有何变化？	明显改善：12 户；略有改善：10 户；没有变化：0 户；变差：0 户
整治后您家生活质量有何变化？	明显改善：8 户；略有改善：13 户；没有变化：1 户；变差：0 户
您对整治效果是否满意？	很满意：10 户；比较满意：8 户；不满意：4 户；非常不满意：0 户
您觉得本村村民有多少人觉得比较满意？	不到 50%：0 户；50%~60%：0 户；60%~70%：3 户；70%~80%：4 户；80%~90%：6 户；90% 以上：9 户

数据来源：基于王村 22 份农户问卷整理。4 个农户对整治效果不满意，经访谈发现，主要是对道路、文化广场等基础设施建设滞后很有意见，"我们花钱把房子建好了，道路、广场、自来水等我们自己肯定不好搞，政府目前做得太少"

（2）村域面貌变化。集市的繁荣推动了王村整体面貌的巨大变化。截至 2010 年 8 月，全村 321 户仅 15 户约 70 人没有搬到新村，未搬过来的大多已在新村盖好了新房，预计年底即可搬迁完毕。与农区大部分村庄展现出来的萧条的景象不同，集市的繁荣使得王村更具活力。其中最重要的一点便是人口的集聚。建设集市的前后两年是外出务工的高峰期，大概有 450 人，用村民的话说就是"年轻的都出去打工了"。随着集市的逐渐发展，外出务工的劳动力有 2/3 都回来了，转为在集市做买卖、经营店铺。

（3）农业生产变化。集市发展对王村的农业生产带来较大影响。一是耕地面积增加。全村通过新村建设，居民点面积由 850 亩减少到 210 亩，腾出 640 亩耕地，其中 435 亩已经由县国土局整理完毕分配到户并；二是土地流转增多。目前全村有 1000 亩耕地流转给郸城县最大的农业产业化企业财鑫集团，空心村整治新增的 435 亩耕地也在此 1000 亩耕地之列，由该集团统一用来种植药材①。作者于 2014 年 10 月中旬再访王村，在当地农业龙头企业的带动下，上百亩复垦土地种上了优质红薯，促进农民增收的效果明显（图 5-2）。

(a)　　　　　　　　　　　　　　(b)

图 5-2　王村空废宅基地复垦后的利用情况

注：（a）为宅基地复垦后已流转并种上道地中药材（作者摄于 2010 年 6 月 1 日）；（b）为在当地农业龙头企业"河南天豫薯业股份有限公司"的带动下，复垦土地种上了红薯，长势喜人（作者摄于 2014 年 10 月 12 日）

（4）村民思想解放。集市的发展使村民的思想观念发生了较大变化。正如村支书所说，"这些年王村最大的变化，不在于集市和新村面貌的变化，而在于思想解放"。村民普遍认为，通过多次外出学习参观和做生意的实践，在村规民约的约束下，大家都更积极进取了，以前稍有空闲就喝酒、打牌，现在都忙着做生意或是琢磨着如何把生意做得更好。农户对金融产品的需求转变便是很好的证明，"以前都不知道、也不敢想去银行贷款，现在就怕贷不了款"。并且，以前村民外出都是帮别人打工，而如今在集市建设的促进下，出去的 100 多人多是组团到陕西西安、河北唐山从事建筑装潢，发展势头良好。

---

① 流转期限为 5 年，流转价格为 800 斤（1 斤 =0.5kg）小麦或是与 800 斤小麦等值的现金，根据近年小麦价格，现金厘定为 700 元，农户可以选择获得 800 斤小麦或是 700 元现金。集团雇佣村民进行田间管理，日均工资约 30 元。

5.6 赤村和王村空心村整治的主要经验

5.6.1 村民的切身需求是空心村整治的内发动力

村民是村域发展的主体，尽管在很大程度上正是他们不合理的宅基地利用行为导致了村庄空心化，造成村庄人居环境持续恶化和大量耕地非农占用。但当前大部分村民已逐渐意识到，唯有进行空心村整治才可能迅速、有效地改善人居环境和增加耕地面积。这种内发的需求和共识成为推进整治的重要动力。

5.6.2 村庄能人对内外部需求的激发与整合是整治得以成功的关键

在赤村，村支书田梅虽是一名女性，但是敢想敢干，领导力强。这种综合能力与她当年在广东从事个体经营所积累的丰富管理经验和结识的各种关系密不可分。作为政治能人，她在空心村整治中扮演了重要角色：一方面，她培养和激发了村民的需求和发展意愿，并让村民的参与权得到充分体现、积极性得到充分激发，由此克服了资金不足等诸多困难[①]，及时迅速开展自拆自建，既建设了小家，也成全了大家；另一方面，在她的带领下村两委严格贯彻和执行了村民民主制度，为空心村整治工程的酝酿、调研、规划、行动起到了引导、组织、协调作用；此外，通过一番努力，争取到了来自政府的可观的建设项目资金。在王村，村支书通过激发内部动力、整合外部动力，构建专门组织（规划编制小组、集市管理委员会）、制定发展战略（编制集市发展规划）、推进模仿创新、发展社会分工，在市场竞争中促进要素存量有序变化、要素配置效率提升和村域社会整合，实现产业发展、环境改善和社会转型等表征的村域系统发展。简言之，村庄能人有效增强了村域的内聚力、争取到了政府的外助力，在能人的激发和整合下，各利益相关者的责权分明、各司其职、共同努力，促成了空心村整治这一复杂的系统工程能够顺利完成且成效斐然。

---

① 问卷调查发现：24 个农户平均建房花费为 13.30 万元；从资金来源看，以自筹为主，一是家庭储蓄，二是向邻里亲朋借款，没有申请银行贷款（当时也没有银行愿意开办此项业务，但在我们调研时已经有了，如中国农业银行）；仅有两户没有因建房而借债，22 个农户平均每户借债 4.78 万元。但大多数农户认为，"这样的新村建设，借钱建房也值"，"就算借个三五万也不要紧，出去打两年工就挣回来了"。

5.6.3　村域社会资本是增进信任、达成共识的重要整合力

与公民的信任、互惠和合作有关的一系列态度和价值观构成社会资本，它使人们倾向于相互合作，是信任、理解、同情的主观世界观所具有的特征，有助于推动社会行动和实现行动目标（Bourdieu，1986）。郸城是"中国书法之乡"，而赤村是县内有名的书法村。长期以来村民有着每日练习书法并以其作为日常交流平台的习惯，依托这种历史文化背景形成的社会资本成为增进信任、达成共识进而齐心协力拆旧建新的重要整合力。在王村，村民体现出来的朴实、奋进、协作也对于集市发展和新村建设起到了重要的促进作用。

5.6.4　政府的适当扶持起到了积极作用

宏观政策转型与政府职能转变是空心村整治推动村域发展转型的重要塑造力。一方面，中央政府的农村发展政策转型，尤其是新农村建设的提出，成为空心村整治、新农村建设的重要政策背景，为地方政府扶持内发的空心村整治提供了政策平台，而各类中央财政支持的支农项目成为地方政府扶持该工程的可用资源；另一方面，地方与基层政府充分尊重了村民及其自治组织的主体性，未过度干预内发的村域发展实践，有所为有所不为，调用耕地开垦费、土地收益、建设用地指标流转收入，并整合项目资金以及技术、设备和人力资源等，做群众思想工作、解决公共物品供给，起到了很好的协调、支撑作用，逐步实现了由"全能型"政府向"服务型"政府的转型。尽管县乡政府对赤村的扶持明显强于王村，但即便在王村，其集市发展和新村建设也与政府的扶持不无关系。

5.7　赤村和王村空心村整治的适应性和障碍点

5.7.1　适应性

赤村的"空心村整治-新农村建设"和王村的"集市建设-空心村整治"在欠发达传统农区具有典型性，"民策、民拆、民建、民享"是其重要特色，充分体现了参与式农村发展的理念（Mansuri and Rao，2004；Nel et al.，2007；Bryden and Geisler，2007），符合当地自然资源环境状况和社会经济发展水平，其适应性主要体现在如下方面：

（1）自组织的村域发展过程。发展战略、整治规划由村民内发制定，切合自身和区域特点，内源动力得到极大体现，且自组织过程极大地降低了交易和运行成本。

（2）民主决策深得民意。两个村均贯彻实践了民主决策、共同参与的基层治理原则，群策群力，有助于项目的推进。这种基层民主治理模式正被大力倡导和广泛宣传。

（3）立足于现实。不同于其他许多乡村（Sargeson，2002），不搞过度建设，如自行设计建造的两层小楼完全能够满足一家三代六七口人居住之需，既满足日常需求又厉行节约。

（4）保留了传统。村内集约型改造模式很好地保留了村级原有建制与人文关系网络，没有对村域社会网络造成明显冲击，符合农民传统的聚居心理。

（5）留住了资源。案例村域的空心村整治留住了可能能使本村得以永续发展的土地资源，最为重要的是把土地资本增殖收益截留在社区，保护了村民的长期受益权。

（6）改善了环境。通过空心村整治，改善了道路交通、绿化亮化等主要公共基础设施，显著改善了当地人居环境和村庄面貌。

5.7.2　障碍点

（1）村民经济实力的差异性。尽管案例村域的规划方案在村民大会上得到高票通过，但仍难免影响到两类群体，即近年刚盖了新房的农户和经济条件差以致盖房确实有困难的农户。建房会大大加重家庭经济负担并影响今后的投资与发展能力，而当前案例村域尚缺乏对这类特殊群体的经济扶持①。这对于大部分村庄而言，是个不小的障碍。

（2）基础设施建设投入机制的不可持续性。新村公共基础设施建设和新增耕地的整理需要大量资金。从赤村的情况来看，村民自主筹集、地方政府项目带动使得总投资达 200 万元的基础设施建设得以如期推进。但当前机制下这种模式仍具有不确定性，即如果赤村没有得到地方政府的重视，或是许多村庄同时整治，都向地方政府寻求基础设施建设资金、申请整理旧村的宅基地，则村

---

①　调研访谈中大部分村民则认为：对于多数近年刚建了新房的人而言，其经济实力往往还不错，且原有房屋的建筑材料等往往可以再次利用，建房成本比其他村民要小得多，只要村委会对他们的思想工作做到位了问题就不会大；对于经济困难的农户而言，不一定要建标准户型，可以选择先盖一层，等过两年再盖第二层，即可以分步进行，不一定要一步到位。事实上，赤村也尽力对这类群体进行了扶助，主要做法是村干部分批组织本村劳动力在农闲时帮助困难户建房。

庄基础设施建设势将由于资金短缺而步履维艰。即便有政府的大力扶持，当前赤村仍有 200 亩旧村宅基地没有整理。王村的实际情况则更能说明问题，与赤村相比，王村得到的政府扶持要少得多，在道路建设、公共活动场所建设方面，土地均已预留出来，但政府仍没有进一步的扶持意向，全村当时仍有约 200 亩旧村宅基地没有及时整治，时隔四年之后才基本整治完毕。由此，突显出传统欠发达农区地方政府在新农村建设过程中公共物品供给能力较弱的现实困境。

（3）产业发展前景及人口流动格局的不确定性。以赤村为例，尽管该村取得了空心村整治和新农村建设的阶段性成果，但由于缺乏优势产业支撑，其产业发展前景和人口流动格局依然具有较强的不确定性。对该村 24 份农户问卷中关于家庭成员情况的统计发现，24 个农户仅 6 个农户家中没有家庭成员常年外出务工，常年外出务工人数合计达 27 人，占农户家庭人口总数的 27.55%；在抽样调查的 90 户 397 人中，有 123 人在省外从事非农就业，占总人数的 30.98%，并有 116 人在外务工时间超过半年，占总人数的 29.22%。如果近年户籍制度改革明显推进，那么该村可能由于人口外流而再度空心化。当然，生活条件改善后，农户进城落户的意愿可能会较现在更弱，但反过来这样可能会掣肘农区的城镇化进程。由此，需要在城镇化、城乡关系转型的大格局下进行农村土地综合整治的全局性、战略性分析。

（4）忽视了村镇空间结构体系的优化。优化乡村的村镇空间结构体系，增强中心村、镇的人口集聚程度，是实现资源的高效优化配置、解决乡村公共物品供给不足的重要途径。尽管赤村和王村成功实现了村内集约型整治，这种局限于行政村范围内的整治，虽然可能具有较强的可操作性，也确实获得了有效的公共物品供给，值得肯定，但是显然难以达到优化乡村村镇空间结构体系的更高目标，难以发挥人口集聚的规模效应，即没有从根本上做出优化村镇空间结构体系的举措。今后的整治过程中，应充分考量村镇空间结构体系的优化。

（5）没有率先实践生态乡村和低碳乡村建设。减少温室气体排放、发展低碳经济已成为世界经济发展的大趋势，是实现社会经济可持续发展的客观要求。农户建房需要大量建材，而这些材料多是资源型、高能耗产品，由此而助推了这些高碳行业的超速发展（Cole, 1998；Horvath, 2004）。乡村地域广大、人口众多，建设低碳乡村是节能减排的重要潜力源。有必要结合乡村实际，加强空心村整治中生态工程的应用，践行"低碳乡村"发展战略，例如，借新村建设的机会，在乡村地区推广使用节能环保建材；构建多元投资机制建造沼气池；对新能源的普及进行适当补贴。

5.8 小　　结

传统农区空心村整治可实现的增地潜力巨大。据河南省国土资源厅测算，在全省开展空心村整治，可腾出耕地 250 万亩；赤村通过空心村整治增加耕地 345 亩，增地率达 24.64%（增加的耕地面积与原有耕地面积的比值）；王村实现整治增地 640 余亩，增地率达 30.68%。并且，从实践来看，因地制宜、科学有序的空心村整治工程不仅能增加耕地面积，还能实现新农村建设的快速推进（高建华和李会勤，2003；谷晓坤等，2007；刘彦随等，2009a）。在充分尊重村民的主体地位和发挥其主导性、能动性的前提下，政府适度扶持，科学推进传统农区的空心村整治，借以实现村域土地利用优化配置，可为增加耕地面积、保障 18 亿亩耕地红线、确保粮食供需平衡、推进新农村建设做出巨大贡献。案例村域的整治实践可为今后一段时期的参与式农村土地综合整治提供参考。

从案例村域来看，尚存在后续的土地整理资金缺、进度慢的问题，并且对新村基础设施建设的财政投入不足，也欠缺对村镇体系的全局性考虑。由此，应加大对传统农区空心村整治的引导与扶持力度，具体而言：①尽快建立传统农区农村居民点整理专项资金，建立和完善欠发达农区农村公共物品供给的长效机制，为空心村整治和新农村建设提供资金与项目支撑；②在资金有限的情况下，可考虑创新农村空废建设用地整治与配置政策，允许一定比率的农村空废建设用地在整治后进入城乡一体化的建设用地市场或是由村集体经济成员用于非农建设，由此促进空废土地的盘活和乡村产业的发展；③尽快完善城乡建设规划，尤其是加强村镇体系规划编制，引导居民点整理的空间格局优化，适度开展迁村并点工作；④各级政府部门应进一步明确其在空心村整治、新农村建设中的职能定位，做到公共物品供给时不缺位、行政管理及规划编制时不越位、需要部门联合推进时不错位。

空心村的大量出现，在很大程度上是由于过去几十年来城乡二元体制下对农村公共物品供给不足、乡村建设规划缺失而造成的。当然，户籍制度以及建构在户籍制度基础之上的城乡二元土地、教育、医疗、社会保障等制度也难辞其咎。换个角度讲，当前的空心村整治其实是对过去"酿下的苦果"买单，这一整治建设过程既影响了农户生产性投入的持续增长，也带来了巨大的碳排放。由此，必须尽快完善农村土地利用管控体系，从源头上防止空心村的进一步出现，建议如下：①加快推进农村宅基地确权登记发证工作；②针对农村房产继承者及通过其他途径获得多处宅基地的农户、在流入地有稳定工作和居住保障的农村外出家庭等，建立完善相应的宅基地退出机制、有偿使用机制；③完善引导村镇建设发展、土地利用的规划和实施、监督、评估体系，加强对新时期农村建房热潮的引导与控制；④尽快出台农村集体建设用地流转有关管理条例，着力构建城乡一体化用地市场，在有法可依的前提下盘活农村闲置土地资源。

案例村域的空心村整治及新农村建设实践还为研究和推进新时期的村域发展提供了典型案例。从发展学的视角来看，两村的发展过程是典型的参与式农村发展过程（Chambers，1994；李小云，2001），正是村民的充分参与，才形成了强大的内发动力，促成了村域转型发展过程中重大事件的顺利推进；从地理学的视角来看，则可视为以内生动力为主、外生动力为辅的综合式农村发展过程（Terluin，2003；李承嘉，2005），其成功的重要原因在于以能人为核心，成功构建、拓展和强化了村域发展的行动者网络（Van der Ploeg and Marsden，2008；Marsden，2010）。总体来看，可视为重启村社力量的重要举措（贺雪峰和郭亮，2010；陈传波等，2010）。综合案例村域的发展历程可得出如下启示：在推进村域发展的过程中，需要着力增强内生动力和外生动力；在内生动力方面，应十分注重民众参与，加强村民的能力建设，尽量保证村民的知情权、表达权、监督权、决策权和受益权；在外生动力方面，应强化村域发展外部网络的构建、拓展和强化；村域能人往往是统筹协调内发动力和外发动力的关键主体，因而应加强能人的能力建设，注重引导能人充分发挥其示范带动作用。

第六章　西部山地丘陵区宏观政策转型的
地方响应与效应
——以四川省隆昌县李村为例

本章以川南山地丘陵区典型村域为例，基于 2008 年以来开展的数次"县—乡—村"多尺度调查研究，在简要分析该村 1949 年以来的社会经济发展历程后，着重探讨了西部大开发政策、退耕还林政策、农业生产支持政策及新农村建设战略的地方响应与效应。研究发现，案例村域并未因为这些政策的出台和实施而从原来的边缘化状态走上转型发展之路，与此相反，由于青壮年劳动力快速外流、耕地向林地和非农建设用地大量转化、污染企业运营带来环境污染、农业生产停滞不前，其社会经济状态甚至有所恶化。分析认为，造成上述状况的主要原因在于现有的"一刀切"的政策框架下，主体目标具有非一致性、村民能动力相对有限、激励和约束地方政府行为的机制仍不完善。

6.1　引　　言

改革开放初期，东部沿海地区以乡镇企业为主导的农村工业化率先推进（World Bank，1999；Fu and Balasubramanyam，2003），并带动自下而上的农村城镇化快速发展（Ma and Fan，1994；Shen and Ma，2005），经济增长取得了骄人成就。随着以开放政策为重点的市场导向型体制改革的进一步推进，在经济基础较差、人力资本禀赋稀缺、市场扭曲、地理区位欠佳等因素的综合作用下，中西部地区经济增长滞后性则更加明显（Démurg，2002；蔡昉和都阳，2000；Ying，2003），且在进入以城市工业部门改革为重心的 20 世纪 90 年代之后变得更为突出（李小建和乔家君，2001；林毅夫和刘培林，2003；邹薇和周浩，2007）。此外，城市偏向的二元制度背景下，城市的要素聚集和规模效益优势得到充分的发挥，经济增长的非均衡性也显著体现在了城乡之间（陆铭和陈钊，2004；孙久文等，2009）。定量评价表明，我国城乡互动发展水平的梯级区域差异显著，东部地区城乡关系趋于协调，乡村发展进入转型升级的新阶段（刘彦随，2007a；王景新，2009），而西部地区城乡关联和互动发展水平明显低于东部和中部地区（曾磊等，2002；段娟和文余源，2007；许鲜苗，2009）。大量实证分析发现，过大的区域和城乡收入差距不利于减少城乡贫困、增加社会流动、促进经济增长、提高健康水平、增进公共信任和保护环境资源（陆铭等，2005；王少国，2006）。由此，加快西部地区尤其是西部农村的发展成为我国统筹区域和城乡发展战略的关键。

过去 10 余年来中国区域和农村发展政策的转型即可视为对这一重大问题的政府响应，西部地区一跃成为诸多政策的汇集区。1999 年 3 月，《国务院关于进一步推进西部大开发的若干意见》提出了进一步推进西部大开发的十条意见，同年 11 月召开的中央经济工作会议上确定实施西部大开发战略；退耕还林作为西部大开发的基础性工程，也于 1999 年在四川、甘肃、陕西率先试点，并于 2002 年在全国层面全面启动；为提高农民种粮积极性，保障国家粮食安全，自 2004 年开始，国家从粮食风险基金中拿出部分资金，用于主产区种粮农民的直接补贴，粮食直补工作在全国范围内全面推开；2005 年 10 月，党的十六届五中全会提出，"建设社会主义新农村是我国现代化进程中的重大历史任务"，要按照"生产发展、生活宽裕、乡风文明、村容整洁、管理民主"的要求，扎实稳步推进新农村建设；自 2006 年起全面取消农业税以减轻农民负担；自 2004 年起连续七年的中央"一号文件"均以促进农业和乡村发展作为主题。综合近 10 年来区域和农村政策及其实践可见，国家对西部地区城市和乡村发展的重视程度和推进力度明显提升。

当前，已有大量学者对上述政策在西部地区的施行效果进行了评估，例如，对西部开发政策效果的综合评估发现，西部大开发战略的实施带动了西部经济发展，但"政府热、民间冷"，东西部差距非但没有缩小，反而继续扩大（王洛林和魏后凯，2003；林建华和任保平，2009）；退耕还林工程实施后，四川的河流径流量、泥沙含量及输沙量均有所下降（乔雪和唐亚，2008），而在陕西的农户问卷调查表明，19.1% 的农户表示他们的生计受到退耕还林项目的负面影响，63.8% 的农户表示支持退耕还林项目，但是高达 37.2% 的农户表示项目结束后会再次垦荒种粮（Cao et al.，2009），该政策忽视了退耕还林区在自然生态和社会经济方面存在的巨大地理差异（Uchida et al.，2005；Xu et al.，2007；Grosjean and Kontoleon，2009）。Yu 和 Jensen（2010）研究认为，农业生产支持政策或许基本达到了增加粮食生产和农业收入目标，但基于模型的估计分析表明，农业生产支持政策对农业产出的影响较小（Kwieciński and van Tongeren，2007）。此外，对云贵川典型农业县的研究发现，取消农业税政策在减轻农民负担、增加农民收入、缓和农村社会矛盾的同时也带来了诸如县乡财政收入锐减、农村公益事业难以发展、乡村债务化解难度加大、土地纠纷增多等一系列困难和问题（桂丽和陈新，2008；Kennedy，2007）；对四川省 45 个县的 387 名村党支部书记的问卷调查和村支书代表小组访谈研究表明，西部的村支书较难胜任带领本村农民发挥新农村建设主体的作用（蒋远胜，2007）。

上述研究对于相关政策的完善无疑具有很好的参考价值。但是，这些研究大多是基于区域甚至省级统计数据或是大量村庄的农户调查数据，很少有研究以一个或多个微观尺度区域为案例，深入剖析上述政策的执行过程、地方响应与乡村系统效应。因而我们对于上述政策的执行及其效应的认识仍较为缺乏。基于深度调查的案例研究有助于将定量和定性素材结合起来，由此为政策评估提供更为丰富的信息（Midmore et al.，2010）。本章试图通过对地处四川南部丘陵地区资源型村庄（李村）社会经济变迁过程尤其是近期发展状况的考察，探讨西部典型村域对我国区域和农村发展政策转型的地方响应，借以为相关政策优化和西部地区农业与农村发展提供决策参考。

6.2 理论背景

本章重在基于典型案例探讨宏观政策转型的地方响应与效应，并由此激发对当前中国农业和乡村发展政策转型的多学科讨论。在很大程度上，本章研究与政策评估研究较为相近。政策评估有助于完善决策、资源配置和问责。通常，政策评估可在政策生命周期中的任何时刻开展，可分为政策前期评估、中期评估及后评估（Terluin and Roza，2010）。政策评估的方法较多，Terluin 和 Roza（2010）梳理了 22 种欧盟政策评估中的常用方法，并将其分为五类。其中，案例分析重点关注政策干预的定性效应，对于弥补定量研究在过程和机理分析方面的不足具有积极意义。

在大多数发达国家和快速发展中国家，农业仍旧是重要的经济部门，尽管其所提供的就业岗位越来越少。这类乡村地区往往遭受着青壮年劳动力大量外出带来的系列后果，如人口老龄化，基础设施供给不足等。许多乡村地区难以提供足够的资本和基础设施来鼓励和维系乡村产业发展（Pezzini，2001）。由此，农业和乡村政策仍旧是国家政策体系的重要组成部分。来自许多国家的大量研究表明，意在促进乡村发展的传统的部门性政策并没有达到预期目标（OECD，2005；Bridger and Theodore，2008；Olfert and Partridge，2010）。并且，由于地区间的自然地理、社会经济、历史文化差异巨大，以致"一刀切"的政策往往出现"水土不服"（Partridge and Richman，2006）。需要更为有效的、基于地方的政策，以适应各种挑战和挖掘乡村发展的潜力（OECD，2003；Bridger and Theodore，2008；Ryser and Halseth，2010）。

特别地，偏远型乡村还面临着较强的结构性约束，如偏远和落后。这类约束只能通过设计和执行综合的、多维的结构性政策才能得以弥补（Psaltopoulos et al.，2004）。有效的基于地方的政策，更能识别各类问题和利益，更有可能制定出基于这些联系的发展计划去创造均衡的、健康的社区（Bridger and Theodore，2008）。基于地方的政策具有一个简单的优势，政府可能发现，与识别具有特殊属性的贫困户相比，瞄准整个欠发达地区，进而制定相关政策，会更加容易而有效（Ravallion and Wodon，1999）。

作为人口最多、地域辽阔的发展中国家，自改革开放以来中国经历着快速的发展变迁。其在地理背景、自然生态条件和社会经济发展基础方面存在的巨大区域差异，使得中国的转型格局也存在较大的地区差异，农业和乡村发展的地区差异也极为明显（Li and Wei，2010；Long et al.，2011）。这些差异为制定和执行需要认识、了解各自区域的约束条件和发展需求的农业和乡村发展政策提出了巨大挑战（Courtney et al.，2006；Ryser and Halseth，2010；Long et al.，2010）。

6.3　研究方法与数据

20世纪90年代末期以来，我国出台了退耕还林、西部大开发、农业生产扶持、新农村建设等4项重要政策来改善生态环境、减小东西差异、城乡差异。为进行一个综合的评估，我们尝试在一个典型区域探讨这4项政策的执行情况。这与传统的在一个或多个区域关注一种政策的政策评估研究略有不同。常规的政策评估工作主要评估政策是否实现了预期政策目标，但难以深刻认识从政策执行到产生影响的因果链条，也难以抓住对于政策发展的更为重要的问题，即相关主体怎么样、为什么这么操作或执行（Baslé，2006；Midmore et al.，2008；Terluin and Roza，2010）。通过一些深入细致的案例调查，往往可获得更为深刻的认识（Yin，1994），由此，我们采用案例分析中常用的深度访谈方法来开展本项研究（Midmore et al.，2008；Terluin and Roza，2010）。通常，第一步在于借助二手资料分析基线状态，但同中国绝大多数村域一样，案例村域在社会经济和生态环境方面的定量数据极为缺乏，由此我们首先调查了解案例村域在不同发展阶段的社会经济状态，以认识区域特征。然后，再借助研究人员与不同主体的深度访谈，了解和分析各项政策在"省—县—乡镇—村域"不同层级区域的执行过程。进一步，基于实地调查探讨政策实施对当地社会经济、资源环境的影响。最终获得4项政策执行情况的一个总体评估和相关启示。

李村地处四川南部丘陵地区（29°16′05″N，105°18′22″S），隶属内江市隆昌县云顶镇①（图6-1）。隆昌县是成渝城市群的重要交通节点，乃"川南门户"，而该村紧邻县道和隆纳高速，距县城13km，距321国道2km，对外交通较为便利。年均气温17.3℃，无霜期约310天，年均降水量1080mm。2008年人均拥有水田0.4亩，农业生产条件较好，灌溉保障率在90%以上，种植模式多为单季水稻或"水稻+油菜"，水稻亩产在600kg左右。李村曾拥有丰富的石灰石储量，石灰石开采加工曾是该村的主导产业。2008年全村在册人口312人，农民人均纯收入3630元，为全县、全国平均水平的82%和76%。

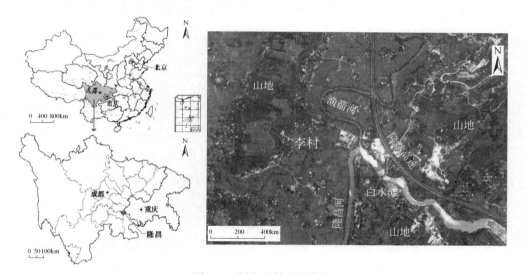

图6-1　研究区的地理位置

注：遥感影像下载自Google Earth，下载日期为2012年4月17日

选取李村作为研究区域，缘于该村具有川南丘陵区村庄的典型特征：距离县城和建制镇有一定距离，难以受到其经济辐射；土地利用以山地—居民点—水田为主，居民住宅沿山脚呈串珠状分布，北靠山地、南面水田；矿产资源丰富，有着悠久的石灰石开采加工历史，并形成了以该产业为主导的村域经济。但由于长期开采，该村石灰石资源濒临枯竭。在国家区域和农村政策转型及主导产业衰退等因素的综合影响下，村域经济进入新的转型期。为达到探寻宏观政策转型的地

---

①　严格地讲，李村只是一个由自然村形成的生产队，但由于川南农村的村庄管理多仍沿袭人民公社时期的以社队为基础的管理方式，同一行政村内各生产队在经济、财务、日常管理等方面均是独立的，并且该村具有较为齐全的产业部门和明显的区域边界，因此本章将其视为一个独立的村域开展研究。蒋远胜（2007）也发现，在四川农村以自然村为基本单元来确定新农村建设项目更容易在社区成员中取得一致。

方响应及其效应的研究目的，2008 年 2 月以来我们在李村共开展了 5 次实地调研（表 6-1），调查对象涉及普通村民、村干部、乡村教师、基层干部等，调研内容包括村庄发展变迁、村庄现状特征、政策执行情况、现实困境与问题、村民发展意愿等。此外，后续研究、讨论及报告写作过程中还通过电话进行了数十次补充访谈。

表 6-1　实地调研的基本情况

时间	调研对象与方式	主要目的
2008 年 02 月	村民、村干部，半结构式访谈	了解西部大开发、退耕还林政策的执行情况
2009 年 01 月	农户访谈	获得全村农户的人口统计学特征，建立人口信息数据库
2010 年 02 月	村民、村干部，半结构式访谈	了解村庄发展历程及农业生产支持政策、新农村建设进展
2010 年 10 月	村民、村干部，半结构式访谈	综合了解 4 项政策的执行情况及其效应
2012 年 01 月	村民、村干部，半结构式访谈	综合了解 4 项政策的执行情况及其效应

6.4　新中国建立以来李村的村域发展历程

6.4.1　1949～1982 年：矿产资源开采加工和传统农业带动村域发展

（1）以石灰石开采加工为主导的非农产业逐渐形成。开采和烧制石灰这一产业在李村有三百多年历史，"石灰窑"已是该村的代名词，甚至许多外村人只知道"石灰窑"而不知道"李村"。李村的石灰石开采加工业在人民公社时期属于社队企业，1977 年以前没有专门的乡镇企业管理机构，由手工业联社领导，1977～1983 年由新成立的隆昌县社队企业管理局管理。该时期的井下钻孔要靠人力，矿内的运输也沿铁轨由工人拉车，而石灰的运输也需要肩挑背扛，生产方式较为落后。1980 年以前，劳动报酬为评工计分制，即"工分制"，实行"劳动在厂（场），分配在队（组），厂队结算，适当补贴"的分配方式；1981 年改为工资制。20 世纪 70 年代末期，李村矿场有 50 余个固定工人。

（2）农业生产稳步发展。本阶段内，由于外出务工较少，虽然大多数青壮年劳动力都在矿场上班，但作为生计部门，农业受到极大重视。每年农历 4 月和 9 月的农忙时节矿场会停工以兼顾农业生产。从农业生产经营形式来看，解放初期 1950～1957 年先后施行了耕地属农民所有个体耕种的生产劳动互助组形式和农业生产合作社形式;1958 年人民公社制度在全县推行,李村也改为"三级所有,队为基础"的人民公社制度形式,直到 1983 年为家庭联产承包责任制所替代。该时期农业熟制变化较大,由 20 世纪 50 年代的一年两熟增加到 20 世纪 60 年代后的一年三熟。农产品多样化程度高,有水稻、高粱、小麦、玉米、红苕、油菜、花生、甘蔗等。农业生产能够满足口粮和家庭散养畜禽的需求。本阶段内粮食单产显著增长,20 世纪 50 年代初期水稻亩产仅 220kg 左右,1980 年约330kg,1985 年迅速增加到 430kg 左右。本时期的边际土地得到高效利用,而水牛作为主要役畜在耕旱地、犁水田中均发挥着较大作用。

该时段内,随着农业和石灰石开采加工业的逐步发展,村内温饱问题基本得到解决,但并不富裕,收入差距较小。直到 1982 年,村民住宅仅有一户为砖瓦房,其余全是土坯房。

6.4.2 1983～1999 年:资源开采、传统农业和劳务输出带动村域发展

(1)石灰石开采加工业快速扩张。1983 年全县社队企业普遍改制,李村也开始将石灰石开采加工经营业务责任承包给有意向、有能力的本村社员。由承包者与镇政府和社队签订合同,规定每年缴纳给镇政府和社队的金额。李村年均收取管理费约 1 万元,用于村集体公共支出和村民年终分红,但由于总量有限,村民所获分红金额极少。该产业对李村的贡献更多地体现在提供非农就业岗位和完善交通基础设施方面。随着激励机制创新、开采技术进步和货运汽车广泛投入使用,生产规模逐步扩大,到 20 世纪 90 年代末期石灰石产量已由 20 世纪 70 年代的 50t/d 增加到近 200t/d,且由于附近地区农村基础设施建设和农民建房的加速而供不应求。开采的石灰石 80% 被运往本镇和邻县的水泥厂,效益也大幅增加。从业人员由以前的 50 余人增加到 70 余人,井下作业的工人月收入近 1500 元,装卸女工的月收入也在 600 元以上。

(2)外出非农就业日益增多。20 世纪 80 年代中期,实行家庭联产承包责任制后,农村劳动力有了更多的自我支配权利,国家对人口流动的限制也日益减少,就业趋于多样化。由于矿场上班的劳动强度大,且容易造成严重的职业病(如风湿、矽肺等),外出非农就业成为年轻人的首要选择。自 80 年代中期开始,城镇建设逐步推进,对泥水匠的需求很大。李村 10 余个 60 年代出生的年轻劳动力多从父辈那里学到了房屋建造的手艺,开始进城务工。改革开放带动东部沿海地区快速发展,也逐渐影响到了这个川南丘陵地区的小村庄,数位村民自 1988 年开始到广州、深圳、贵阳等地从事建筑业。经他们的带动和介绍,到 90 年代末,全村约有 50 余人在外务工,主要为男性青壮年劳动力,约有 30 人从事建筑

行业。

（3）农业生产由集约转向粗放。在 20 世纪 80 年代中后期，由于农业生产经营制度创新和化肥、农药等先进生产要素的大量投入，农产品产量大幅提高。据村民回忆，"当时家家户户都买砖、买水泥，修建新的谷仓来储藏稻谷"。但逐渐地，由于农产品价格持续较低，与外出务工相比，农业生产比较效益偏低，有劳动力外出务工的家庭逐渐减少了农业生产的劳动投入。种植模式的变化便是一个例证：李村的水田由"水稻+小麦（油菜、大豆）"的一年两熟甚至"水稻+水稻+小麦（油菜、大豆）"的三熟制向"单季水稻+冬闲田"转变，旱地由"小麦—玉米—红苕"或"小麦—高粱—红苕"的一年三熟制向"小麦—红苕"的两熟制转变，耕地利用集约化程度下降。曾被高效利用的边际土地也逐渐退出农业生产。

本时段，李村及时响应企业改制、农业生产经营制度创新和技术进步，产生了积极效应，村域发展成功转型。村民生活水平大幅提高，70% 的农户新建了砖房。但收入差距也迅速增大，纯农户、矿产开采+农业的兼业户、外出打工+农业的兼业户的纯收入比值大致为 1：2.4：3。由于比较效益较低，农业生产在经历初期的快速发展后逐渐滑坡。

6.4.3 2000 年以来：多元化发展阶段

（1）石灰石开采加工由衰退走向消亡。进入 2000 年后，由于数百年的开采，李村的石灰石资源逐渐枯竭，随着矿井深度的增加，井内运输距离增大，运输成本上升。同时，邻近县市的同类产业得到快速发展，市场竞争加剧。并且，井下爆破对邻村的负面影响日益增大。由此，李村石灰石开采加工产业的衰退成为必然。到 2005 年时，在矿场上班的劳动力由 20 世纪 90 年代末的 70 余人减少到不足 30 人，并最终于 2008 年停产。

（2）劳动力大量外出非农就业。外出就业劳动力可大致分为三类群体：一类是早期就在从事建筑业的劳动力，多继续从事建筑业，就业地以成都、贵州为主；另一类是从石灰石开采加工部门退出来的劳动力，其中的大部分仍选择了到邻近的资中县继续从事该行业；此外，越来越多的没有考上大学甚至高中的年轻人在邻里亲朋的介绍下到沿海地区进厂打工，流入地以对普通劳工需求较大的珠三角为主，成为新生代农民工。

（3）外来工业企业进驻李村。李村交通便利，且地处两河交汇处，水资源极为丰富，具有发展中小企业的良好条件。2004 和 2005 年，先后有玻纤厂和造纸厂各 1 家进驻李村。投资商根据隆昌县有关规定进行了征地补偿。尽管投资商承诺优先雇佣李村的劳动力，但由于工资待遇较低（男工 40 ~ 50 元/天，女工 20 ~ 30 元/天），李村仅 9 个劳动力在这两个企业上班。因而在很大程度上，企业进驻对李村的发展尚未起到预想的带动作用。

（4）农业生产进一步衰退。一方面，耕地面积大幅减少导致农业产出下降。李村积极响应退耕还林政策，近 95% 的坡耕地退耕，合计约 100 亩，耕地几乎仅剩下水田；企业的进驻占用了李村 35 亩优质水田，60 余个村民由此而成为失地农民。李村耕地面积由 2000 年以前的 250 亩减少到目前的 115 亩。另一方面，农业生产集约化程度进一步下降，近 90% 的水田只种单季稻，冬闲田面积近 100 亩，全年撂荒的耕地面积超过 10 亩。李村人均粮食产量由 2000 年以前的 420kg 锐减到 2008 年的 230kg。

宏观政策转型和主导产业的衰退与消亡驱动李村自 2000 年始进入新的发展阶段。外出务工人数进一步增加，就业分化加剧，农户收入差距进一步增大。村域经济由于资源型主导产业的消亡和青壮年劳动力的流失而逐渐萧条，可持续发展能力下降。

6.5　宏观政策、地方响应及其乡村系统效应

6.5.1　西部大开发

1999 年 3 月，《国务院关于进一步推进西部大开发的若干意见》提出了进一步推进西部大开发的十条意见，同年 11 月召开的中央经济工作会议上确定实施西部大开发战略。这是在国家层面作出的推动内陆地区发展、消除地区发展不平等的重大举措（Chen and Zheng，2008）。西部大开发战略的主要内容包括基础设施建设、吸引外商投资、加强生态保护、提高教育水平、留住本地人才等（Goodman，2004；Yeung and Shen，2004）。2000 ~ 2009 年，西部大开发重点项目国家投资总额达 2.2 万亿，中央转移支付总计达 3 万亿。经过多年的实施，基础设施建设、生态保育工程取得显著成效（Wang and Wei，2004；姚慧琴和任宗哲，2009）。意在成为中国长江中上游地区经济发展和生态保育的重点地区的四川省，积极响应西部大开发战略（McNally，2004）。

在隆昌县，县乡政府、当地村民及来自本县和外县的投资者均对西部大开发作出了迅速响应。县乡政府着力征地以扩大工业园区规模，借此吸引国内外投资。县委县政府在城关镇规划建设了两个工业园区，总规模达 12km²。在西部大开发的战略背景下，县委县政府在税费减免、用地供给、财政激励等方面出台了

一系列优惠政策，以营造良好的投资环境，进而在吸引外来投资的地区竞争中胜出。与此同时，李村所在的镇也出台了相应的优惠政策，并在镇驻地规划建设了一个工业集中区，在白水滩规划建设了一个工业园区。由于水资源丰富、交通便利，李村的一块靠近河道的数十亩的耕地也在白水滩工业园区的范围内。关于春笋般出现的各类工业园区，一位乡镇干部说，"每个乡镇现在都在建设工业园区，以吸引产业投资并由此实现快速的经济增长。招商引资和土地征用成为乡镇干部的主要工作内容。指标已由上级部门规定好，如果我们不能按时完成任务，在年终考核和晋升方面往往就会有麻烦。"

李村加入了西部大开发的行列。这可理解为三个方面。首先是当地的矿产资源开发。西部大开发的一项重点内容是基础设施建设，由此带来大量的石灰石需求。李村有上百年的石灰石开采历史，资源优势明显，矿场的承包人和旷工夜以继日的满负荷工作。2003年时石灰石产量达到了日均260~300t。但是，由于长期的开采，资源储量日渐下降，李村的矿场在2008年因资源枯竭而关闭。

其次是外来企业进驻。受优惠政策和内地市场的吸引，越来越多的投资商特别是来自浙江和江苏的投资商来到这里寻求投资机会。李村由于资源禀赋和地理区位较好而备受青睐。十余位投资者表示出想在李村投资建厂的浓厚兴趣。最终，两个企业获得许可，一个是玻纤厂，一个是年产量2万吨的造纸厂。在随后的几年里，这两个企业为当地政府带来了可观的财税收入，但与此同时，也给当地的土地资源和生态环境造成了较大压力并由此威胁到李村的可持续发展。这两个企业不但占用了35亩优质水田（图6-2），还带来了严重的污染，河道和空气深受其害。

(a)   (b)

图6-2　乡村工业驱动下的李村土地变化

注：（a）摄于2008年2月9日，（b）摄于2010年10月7日，系作者在李村调研时于该村北山同一位置拍摄。黑框内的建筑即为工厂；约35亩优质水田被这两个企业占用

最初，大家都对这两个企业抱有较大期望，"他们可以带来大量的就业机会，我们可以无需在离家较远的城市去寻找工作，村庄可以由此而复兴"。但是，

"最后我们都后悔不已，土地征用不可避免，但补偿标准实在太低，一次性补偿的方式也存在一定问题。政府以每亩 3.5 万元征用了我们的耕地。由于物价涨得快，我们拿到这些钱也干不了什么事。相较于现金而言，我们更需要失业保险和社会保障。除了土地征用，这两个企业的开工运营也给我们的村庄带来了严重的环境污染。从玻纤厂飘出来的白色絮状物质在数千米外都可寻见，造纸厂偷偷排出来的污水染黑了半侧隆昌河。但目前我们没有一个好的办法来阻止他们。幸运的是，由于经济危机和成本上涨，这两个企业经常歇业，污染后来就有所减少。"

最后，大量青壮年劳动力外出进城务工。劳动力是区域/村域发展的最重要的资源之一。西部大开发过程中，建筑行业快速发展，带来了较多的用工需求。李村的村民们悉数离开他们生活了数十年的村庄，涌向可能为他们提供更多非农就业机会和工资收入的城市。2008 年，全村有 117 个村民在本乡镇以外务工（表 6-2），占李村劳动力总数的 59.69%。我们的农户调查显示，这些外出务工人员可分为三类：第一类是经验丰富的建筑工人，他们多在成都或贵阳打工，人数为 22 人，年均纯收入在 2 万 ~3 万元；第二类是曾经在李村当地的矿场上班而资源枯竭后到资中县的矿场从事矿石开采或加工的矿工，人数为 31 人，年均纯收入在 3.5 万 ~4.5 万元；第三类是相对年轻的群体，大多高中甚至大学毕业，在邻里亲朋的介绍下到珠三角、成都的制造业企业上班或是从事个体经营，他们是新一代的农民工，人数为 64 人，年均纯收入在 1.5 万 ~2.5 万元。

表 6-2 李村的主要人口学特征

		人口数	百分比/%	教育水平/%					平均年龄/岁
				文盲	小学	初中	高中[1]	高中以上	
留守村民	小孩[2]	18	13.95	100.00	0.00	0.00	0.00	0.00	3.17
	学生	26	20.16	0.00	61.54	38.46	0.00	0.00	11.88
	农民[3]	35	27.13	40.00	42.86	14.29	2.86	0.00	55.59
	在本村企业就业的村民	9	6.98	0.00	100.00	0.00	0.00	0.00	36.11
	个体户	16	12.40	12.50	37.50	18.75	31.25	0.00	42.81
	未就业的村民	8	6.20	0.00	37.50	50.00	12.50	0.00	38.88
	未从事农业的老年人	17	13.18	52.94	41.18	5.88	0.00	0.00	70.06
	小计	129	100.00	33.33	43.41	17.83	5.43	0.00	37.13

		人口数	百分比/%	教育水平/%					平均年龄/岁
				文盲	小学	初中	高中①	高中以上	
外出人口	建筑工人	22	15.83	0.00	72.73	22.73	4.55	0.00	38.64
	矿工	31	22.30	0.00	61.29	3.23	29.03	6.45	41.87
	企业工人	32	23.02	3.13	34.38	40.63	21.88	0.00	33.91
	其他产业工人	32	23.02	3.13	31.25	50.00	15.63	0.00	37.28
	学生	18	12.95	0.00	27.78	22.22	22.22	27.78	15.28
	其他④	4	2.88	25.00	25.00	50.00	0.00	0.00	46.25
	小计	139	100.00	2.16	44.60	29.50	18.71	5.04	35.15
合计		268	100.00	17.16	44.03	23.88	12.31	2.61	36.10

①包括中等专业技术学校；②6 岁以下的小孩；③包括年龄大于 60 岁仍在从事农业生产活动的老年人；④外出但没有就业的劳动年龄人口及老年人。资料来自作者的农户调查

由上可见，西部大开发给当地的乡村系统既带来了正面效应，也带来了负面效应。一方面，西部大开发加快了基础设施建设和资源开发的步伐，并由此带来较多的非农就业需求，为村域发展带来更多机会。另一方面，西部开发加速了资源耗竭的步伐，占用大量优质耕地，并带来环境污染。特别是，东部沿海地区一度流行的"开发区热"也"传染"了内陆的欠发达地区（Yang and Wang，2008）。曾在东部沿海地区大肆发展但后来由于环境规制而关停并转的污染型产业借机转移到了环境规制较为宽松的内陆地区。

6.5.2 退耕还林

始于 1999 年的退耕还林工程是当代中国最为重要的生态工程之一。主要措施是在长江中上游地区和黄河流域的坡度在 25°以上的坡耕地上植树种草，进而改善当地生态条件。国家给予退耕还林户与退耕耕地面积相当的粮食和现金（Xu et al.，2007；Liu et al.，2008；Cao et al.，2009）。2004 年时补偿全部改为现金补偿。在 1999~2009 年间，共退耕 2770 万 hm^2，来自 25 个省区、2279 个县区的退耕还林户获得了 2330 亿的国家补偿。在四川省，累计投入资金 200 亿用于生态建设，180 万公顷坡耕地得到退耕，全省的森林覆盖率提高到 31%。土壤侵蚀得到有效控制，流入长江的泥沙下降了 46%。隆昌县的退耕还林工程始于 2000 年，从 2000~2005 年，4 万亩坡耕地转变为林草地，来自 18 个乡镇 275 个村庄的 42000 名农户得到了总计为 4670 万元的国家补偿。到 2008 年，退耕还林规模达到 6 万亩。

该工程在李村开展得比较顺利。这主要是因为坡耕地多用于生产小麦、红苕等粮食作物，但当地村民几乎不以小麦和红苕作为口粮，而是作为畜禽饲料，可近年畜禽养殖的风险高，坡耕地的重要性和吸引力早已下降。相反，实施退耕还林还能够获得一定的粮食和现金补偿。与此同时，西部大开发和经济全球化给沿海发达地区带来较多的就业机会，许多村民选择外出务工。因而2000年开始的退耕还林工程恰逢其时。李村130亩坡耕地实现了退耕。但是，事情的进展并非一如想象的完美。2000年时，退耕的坡耕地用于种植经济作物花椒，本意在于增加农民收入，但是由于管理不善，成活率低，仅有几户农民收获了花椒；2003年在政府的资助下又改种美松和杨树，同样由于管理不善，成活率低、病虫害严重；2005年开始种刺槐，因为刺槐生长能力强，具有很好的生态功能；到2007年，由于刺槐没有经济效益，村镇干部又发动村民砍掉部分刺槐，种植可以收获鲜笋的毛竹，但毛竹并不太适合在当地的坡地上生长，竹笋产量不高，加之本地市场鲜笋供过于求，价格持续走低。结果，2000年以来李村经历了4次栽树3次砍树，目前山上至少生长着5种树和竹（图6-3）。随着乔灌草的快速生长，以前宽大的山路迅速被各种植物占据，山路变得日益难走，上山变得非常困难。一旦发生火灾，消防车辆和消防员很难达到火场。2000～2009年，李村共发生3次火灾，烧毁了大约100亩山林（图6-3）。

　　访谈发现，村民对退耕还林工程是完全赞同的：一是由于坡耕地的农业生产效益原本就不高；二是"补偿很透明、很到位"；三是近年来"山变绿了，山上的飞禽走兽也变多了"。但是，村民并没有参与退耕还林决策，"主要问题在于树种的选择，都是上面规定的，我们农民完全不知情"。此外，许多村民怀疑村镇干部通过屡栽屡砍能从购买树苗等环节中获取回扣①，因而对此意见很大。从李村对退耕还林工程的响应可见，该工程符合民意，但农户参与严重不足，监督成本太高，以致退耕还林效果低于预期。亟须建立退耕还林决策中的农户参与机制，切实提升退耕还林的生态功能和经济收益，让农民从中得到更多的实惠。

　　总体来看，退耕还林工程的实施，带来了显著的生态效益，但是在发展林业生态经济方面进展缓慢。由此，在过了补贴年限后，如何保障退耕还林户的基本生计，如何改善退耕还林户的生产生活条件，仍存在诸多需要克服难题。更难以让人乐观的是，村民对基层政府的不信任似乎增加了。与此同时，我们的调研还发现了由于缺乏系统而科学的规划而带来的潜在火灾风险。不难发现，李村的生态、经济和社会可持续性仍旧存在不稳定因素。

---

　　① 参见邢祖礼（2008）以本村所在的四川省内江市为例对退耕还林中的寻租行为进行的深入分析。

(a)　　　　　　　　　　　　　　(b)

(c)　　　　　　　　　　　　　　(d)

图6-3　李村退耕还林区概貌

注：照片由作者在李村调研时拍摄。同周边不少村庄一样，李村经历多个"砍树—栽树—再砍—再栽"的环节，其一个显著结果是山林的树种变得极为多样［图6-3（a）、图6-3（b）、图6-3（c）］；图6-3（b）还展示了被树和竹挤占后的狭窄的上山公路；由图6-3（c）可见，村民在部分退耕还林地上又种植了红薯；由图6-3（d）可见，由于防火意识不高、救火能力不足，火灾给山林带来较大损害

6.5.3　农业生产支持

农业是中国的基础性产业。但单纯依靠农业为收入来源的农户，其收入增长速度却仍旧极为缓慢，这严重制约着国家的粮食和主要农产品供给安全，以及可持续的农业和乡村发展。为提高农民种粮积极性，保障国家粮食安全，自2004年开始，国家从粮食风险基金中拿出部分资金，用于主产区种粮农民的直接补贴，粮食直补工作在全国范围内全面推开（Huang et al.，2011）；2005年10月，党的十六届五中全会提出，"建设社会主义新农村是我国现代化进程中的重大历史任务"，要按照"生产发展、生活宽裕、乡风文明、村容整洁、管理民主"的要求，扎实稳步推进新农村建设；自2006年起全面取消农业税以减轻农民负担；自2004年起，中央"一号文件"均以促进农业和乡村发展

作为主题。在中央政府的大力推动下，国家对农业和粮食生产的财政支持显著提高。相关补贴在 2006 年和 2007 年时分别为 3100 亿和 4270 亿（Yu and Jensen，2010），2008 年时更是超过了 1 万亿，2009 年达到 1.23 万亿。省级和县级政府对此也极为配合，较好的执行了相关政策。可以认为，中国的农业和乡村发展政策在近年经历了一个基础性转变，进入新的转型期。

李村村民每年均按时得到了相应的财政补贴。但从实际情况来看，农业生产支持政策的效果极为有限。李村的农业生产仍在萎缩。一方面，耕地面积大幅减少导致农业生产快速萎缩。退耕还林和耕地征用导致耕地面积减少了 100 多亩，减少率达 54%。另一方面，由于农业和粮食生产的比较经济效益较低，耕地集约利用程度快速下降，超过 90% 的水田每年只耕种 1 季，冬闲田的面积超过了 100 亩，近年有 10 余亩优质水田常年处于撂荒状态（图 6-4）。其结果是李村人均粮食产量由 2000 年的 420kg 下降到 2008 年的 230kg。

(a)　　　　　　　　　　　　　　　　(b)

图 6-4　李村的农业土地利用

注：（a）展示了渔箭河边常年撂荒的优质水田；（b）展示了李村的再生稻收割场景。总体来看，李村的农业生产依旧为传统农业生产，且生产效率不高。作者于 2010 年 10 月上旬在李村拍摄

2004 年开始的粮食直接补贴和 2006 年开始的全面取消农业税政策得到村民的高度认同。但随后农资价格暴涨，导致粮食生产比较效益低下的局面没有根本改观。据村民回忆，2004 年化肥价格就涨了近 20%。农产品成本收益统计资料可作为佐证：2004～2008 年，四川省中籼稻的化肥投入由每亩 56 元增加到 100 元，生产成本增长速度高于收益增长速度，水稻生产利润率由 84.72% 下降到 79.81%。村民还指出，"按面积来补贴存在一定的问题，前两年不补贴的时候水田只种一季，补了之后还是只种一季，补与不补对粮食播种面积和产量的影响不大"；"补贴都是直接发到各承包户的账户上，而租他们的地种（往往都是零租金）的人却享受不到补贴"；"如果按产量或商品粮量来补，补贴的力度再大一点，可能会好些"。"这两年一亩水稻的毛收入不到 1200 元，扣除化肥、农药、

灌溉和收割等现金支出，纯收入也就 600～700 元，如果外出打工一个月就能挣回来。"所以，大部分村民选择了外出务工，村内纯农户有偿租入耕地耕种的意愿也极低，即便是零租金，村里也有近 10 亩地常年撂荒。访谈中村民还反映，过去 10 年来水稻单产没有明显增加。

既然粮食生产效益低下，那为什么还种粮食呢？村民指出，虽然粮食生产效益低，但投入的工时相对少，也就插秧和收割的时候比较累，劳动力门槛更低。农户调查发现，村内从事农业生产的劳动力仅 36 人，平均年龄达 55 岁，比常年外出劳动力平均年龄（38 岁）高了近 20 岁。他们虽然农业生产经验丰富，但毕竟年龄较大，体力和精力有限，仅能勉强应付。关于经济作物种植，村民大多反映，种植经济作物的投入大、风险高，加之生产经营能力不强，因而还是倾向于种植水稻生产口粮，以减少现金支出。村民还举了一个种植经济作物而亏本的例子：2007 年本县渔箭镇一个种瓜大户到李村承包了 8 亩水田，投资数万元新建瓜棚种植西瓜，结果当年 7 月遭受严重的洪水袭击，瓜棚和即将上市的西瓜全没了。由此，在粮食生产比较效益低而经济作物种植的技术门槛和风险又比较高的情况下，李村种植模式向相对省工省时的单季稻生产转变，种植结构日益单一，农业生产逐渐萎缩。

由李村的案例可见，由于补贴力度较小，补贴机制不完善，农业生产支持政策在增加粮食产量和农业收入方面的收效甚微。加之农业生产资料价格上涨，进一步减少了农民收入增长的可能空间。农民仍旧难以从粮食生产获得理想的收入。由于种植经济作物存在较高风险，青壮年外出务工导致农业劳动力的老弱化，作物生产模式由多季向需要较少劳动投入、技术需求耕地、田间管理更简单的单季稻作转变。退耕还林和企业进驻导致耕地面积大幅减少。在这些因素的综合作用下，李村的农业仍旧处于萎缩状态。在老龄劳动力管理的传统生计农业向基于当地的农业食物经济转型过程中，李村正面临着越来越多的困难。

6.5.4 新农村建设

在城乡居民收入差距进一步拉大、"三农"问题日益突出的情况下，党的十六届五中全会提出，要按照"生产发展、生活宽裕、乡风文明、村容整洁、管理民主"的要求，扎实推进社会主义新农村建设。在较大程度上，我国的新农村建设可以理解为全球化进程中促进乡村重构宏观经济发展战略（刘彦随，2007a；Long et al.，2010；Long and Woods，2011）。据财政部统计，2005 年我国在农业农村发展方面的财政投入约 2975 亿，2008 年和 2009 年分别增至 6000 亿和 7161 亿。主要用于基本农田建设，道路、供水、电力等基础设施建设，农机补贴，以及农村通信工程建设。

四川省对新农村建设极为重视。在中央政府的有关理念和要求的指导下，开展了大量的农村土地整治工程、乡村社区基础设施和公共卫生改善工程等。2007年，全省开始推进"十百千万工程"。该工程计划建设 10 个生态县、100 个环境优美乡镇、1000 个生态村、10000 个生态家园。1000 个生态村具有五项基本要求：一项以上增收骨干项目、一批完善配套的基础设施、一支适应现代农业发展的新型农民队伍、一个开拓进取的村级领导班子、一派文明整洁的村容村貌。

隆昌县积极响应中央和上级政府出台的新农村建设相关政策和规划。A 乡被选为整建制推进新农村建设的典型乡镇，各级政府累计投入 4287 万元用于建设基础设施、整治乡村环境和扶持主导产业。与此同时，B 镇的 C 村被选为四川省开展新农村建设的 60 个重点村之一，获得了 364 万元的政策扶持，同样是由于其具有较好的经济发展基础。但是，大量其他的普通乡镇和普通村庄则难以得到上级部门的关注和支持。

在李村，当村民被问及"您是否知道新农村建设"时，村民和村干部均表示出较高的认知程度，但也指出，"同周边的村一样，'新农村建设'好几年了，都没什么变化，提和没提都一样"。村长说，"新农村建设提出来好几年了，但是一直没有'政策'，如果政府不投资，根本建不起来"。"县里面定的那几个新农村建设试点村，原本就发展得很好了，政府还继续投钱。其实就是面子工程，让好的变得更好，纯属浪费钱"。笔者请参与访谈的村民和村干部结合新农村建设的 20 字方针对李村近年的新农村建设进行评述，较为一致的观点是：

（1）关于生产发展——"石灰窑停产了，新的企业没有发展起来，靠农业又根本发不了财"。

（2）关于生活宽裕——"这几年打工挣钱了，但这个靠不住，迟早还得回来"。

（3）关于村容整洁——"家家户户卫生状况还勉强，就是道路没有改观，一旦下雨，即便是机耕道也不好走路"。

（4）关于乡风文明——"没有偷盗抢劫等犯罪事件，但人都变懒散了，到茶馆赌博打牌的人多了"[①]。

（5）关于管理民主——"现在不用交税了，粮食补贴和退耕还林补贴也都直接发到各家各户的存折上，村集体也几乎没有收入，事情不多，有急事也就挨

---

① 调查发现，85 个农户共有 16 岁以上人口 218 人，其中 40%（86 人）农闲或下班后经常去茶馆打牌，打牌成为首选的娱乐休闲方式。村民表示，"因为实在没有别的娱乐活动了"。这在一定程度上反映了当前农村娱乐活动的匮乏。

家挨户通知一下，谈不上管理了"。

谈及如何建设新农村，村民和村长依然最希望能有投资商来李村投资办厂，"只要不污染环境，对身体没有妨害，能够都进厂上班，就一切都好办了"，"现在村里面这个状态，肯定建不好，都是老人、小孩和妇女"。农村常住人口是新农村建设的直接主体，但进一步分析其人口结构特征可发现（表6-2），李村129个常住人口中，35人为为纯农户（平均年龄55岁），8人为无业农民（90%为留守妇女），18人为幼儿，17人为平均年龄近70岁的老人，26人为学生，9人为在村企上班的工人（全部为小学文化），显然难以承担新农村建设的重任。但村民也指出，"如果能有机会在村里或附近找到待遇不算太差的工作干，由于可以兼顾到家庭，大部分打工的还是会回来的"。

二元户籍制度背景下的劳动力大量外出也给村域发展带来了不可忽视的负面影响：①留守儿童增多。调查的85个农户中，父母均不在家的0~15岁留守儿童达19个，占该年龄段人口数量的38%。当地板栗村小和光荣完小的中小学教师在访谈中均反映：学校各年级都有很多留守儿童，由于缺乏家庭监护和指导，其思想道德教育和学习成绩均不尽如人意。②劳动力外出过程中超生现象普遍。第一胎为女孩的村民多借外出务工之机在流入地超生小孩。调查的85个农户有15个年龄在0~15岁的超生人口，占该年龄段人口数的30%。③村庄治理问题。劳动力大量外出使得村委难以组织过半数18周岁以上村民参会，或者本村2/3以上的户的代表参加，召开村民会议变得非常困难，影响了村庄日常管理。由此可见，适应于劳动力大量非农农化过程中的农村治理相关政策和法规亟须完善。

总体来看，李村正遭受着青壮年劳动力的加速外出及由此带来的劳动力老弱化（图6-5），这可视为乡村空心化或村庄空心化的重要表征（Liu et al.，2010；Long et al.，2012）。由于地方政府在新农村建设过程中更多的是"锦上添花"而非"雪中送炭"，与李村类似的大量村庄逐渐被边缘化，乡村转型发展的能力和动力严重不足，新农村建设举步维艰。主要原因在于：作为村庄发展中坚力量的青壮年劳动力大量外出造成新农村建设主体的力量薄弱；村内资源（土地资源和能人）尚未得到有效配置，"等、靠、要"的落后思想依然存在，内生发展潜力没有得到充分发挥；当前的新农村建设缺乏有力、持续且有效的政府投资推动。城乡二元制度体系造成村域生产要素的大量流失和政策执行过程中村域内生发展能力被长期忽视是其根源。

6.6 讨 论

李村的案例表明，宏观政策转型的地方响应给当地带来了系列复杂影响，既

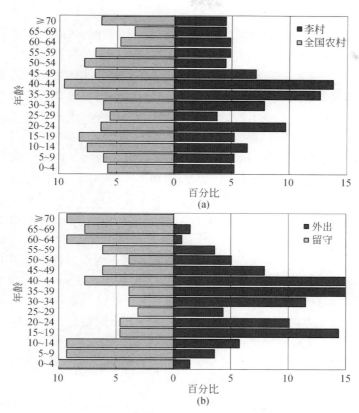

图 6-5　中国农村及李村的人口年龄结构比较

注：（a）为中国农村和李村的人口年龄结构；（b）为李村外出人口和留守人口的年龄结构。李村户籍在册人口中，劳动年龄人口的比重是 74.25%，略高于 70.81% 的全国平均水平。在区分外出人口和留守人口之后，留守人口中劳动年龄人口的比重仅为 53.49%，远低于外出人口 88.89% 的劳动年龄人口比重。资料来自中国人口和就业统计年鉴（2009）及作者在李村的农户调查

有积极的影响，也有负面的影响，有必要揭示其响应机理。乡村发展通常是植根于各种乡村发展主体的内在的外在的各类交互作用与要素联系，并受这些要素联系和交互作用的驱动，这些要素联系和交互作用可理解为乡村发展的网络（Marsden，2010）。这些网络从经济、社会、文化和历史等方面塑造了乡村空间的吸引力和竞争力（Murdoch，2000；Marsden，2010）。这些行动者是乡村发展所必要的、起决定性作用的因素（Lakshmanan，1982；Terluin，2003；Binns and Nel，2003；Phuthego and Chanda，2004；Zhou and Liu，2008），且他们的需求和意愿对乡村发展政策的执行具有重要影响（Leeuwis，2000）。区域和乡村发展政策要想获得成功或达到预期目标，必须能将中央政府的政策目标和地方行动者的

相关需求达成一致。

在李村的案例中，中央政府、地方政府、村干部和村民是乡村发展的主要行动者。显然地，中央政府意在通过政策创新推动区域和乡村发展转型，这与村民的意愿是较为一致的。地方政府作为中央政府的代理人和政策实施的重要实践主体，却往往和中央政府不太一致，特别是分税制改革之后。现有的财税体系驱动地方政府官员更倾向于获得快速的地方经济增长，以便在地方竞争和晋升，并获得预算外收入（Oi，1995；周飞舟，2006；Tao and Xu，2007；Yang and Wang，2008），由此为宏观政策转型带来难以预见的结果。例如，地方政府积极推进西部大开发，并在土地征用、招商引资方面表现出巨大热情，因为这样他们更容易实现地区经济增长，也更能在各类评估、晋升中获得竞争力，尽管这很可能需要以耕地过量非农化、地方环境污染作为代价；在退耕还林过程中，由于中央政府的监督成本较高，地方政府就有了寻租的空间（邢祖礼，2008）；在税费改革和取消农业税之后，为当地乡村提供教育、医疗等基本服务的乡镇政府的自主性明显下降，基层公共服务供给不足的问题变得更加突出（Kennedy，2007；桂丽和陈新，2008）；此外，在新农村建设过程中，地方政府更倾向于在已经发展的比较好的村镇进行"锦上添花"，这样的投资更少、收效更快，能以极少的代价就能交一份"漂亮"的答卷。

乡村发展的成功经验表明，具有领导能力、市场意识、企业家精神且了解地方特性的村干部在乡村社区发展过程中就起到关键作用（Binns and Nel，2003；Zhou and Liu，2008）。但蒋远胜（2007）在四川的调查表明，大部分村干部难以胜任这份工作。李村的村干部也没能及时针对村民外出务工、退耕还林增加了林业生态资源等挑战与机遇而及时采取行动，没能鼓励村民在耕地和林地变化过程中充分利用土地资源促进规模经营、发展林业经济、基于地方的农业食物经济。至于村民，他们是新农村建设和乡村发展的主体（Terluin，2003；叶敬忠，2005；刘彦随，2007a；Long et al.，2010；Liu et al.，2011），他们过去在村里辛勤劳作，如今又外出他乡营生，而留守村民，并没有充分利用资源优势和区位优势去发展生产，而更多的是对政策寄予厚望，持续地"等、靠、要"，以致十年过去了，和周边村庄一样，没有摆脱贫穷，没能走上富裕的康庄大道。

对于前述所探讨的4项政策而言，他们是自上而下设计，对区域差异、地方特性缺乏考虑。例如，农业生产补贴在发达地区和欠发达地区、山地丘陵区和平原农区几乎一样；西部大开发、退耕还林政策、农业生产支持政策分别由国家发改委、国家林业总局、农业部牵头，新农村建设甚至没有一个明确的牵头部门，且又没有完善的部门协调机制来统筹这些政策。要想整合有限的资金来形成合力的困难就可想而知了。中央计划指导下的、一刀切的、缺乏部门协调与统筹的此类政策，对于地区差异和当地需求缺乏足够的敏感性，由此导致难以推动案例村域及与之类似的乡村的发展。

基于上述分析，我们认为造成当地乡村发展困境的主要原因在于主体目标具有非一致性、村民能动力相对有限、激励和约束地方政府行为的机制仍不完善。为推进农业和乡村发展，还需在优化乡村政策、协调主体目标与意愿、增加村民行动能力、规范地方政府行为方面，作出更多努力。特别是，我国的农业农村发展政策应充分认识乡村空间的差异性、充分发挥当地居民的主体性，强调"自上而下"与"自下而上"的结合，宜进一步整合部门性政策，加强部委间、部门间的协作，逐步实现由部门性政策向区域性政策的转变。

6.7 小　　结

本章基于李村的典型案例探讨了 4 项宏观政策的地方响应及其对乡村系统别是乡村资源与环境的影响。研究发现，在执行这些政策后，非农就业岗位有所增加并由此带来非农收入的增加和城市产业的发展。但是，由于地方政府偏向于"锦上添花"而非"雪中送炭"，大多数村庄被进一步边缘化，在实现由老龄劳动力管理的传统生计农业向基于当地的农业食物经济转型，以及发展林业生态经济的过程中，他们面临着越来越多的困难。值得注意的是，"开发区热"和环境污染也正在缺乏有效的土地保护机制和环境规制的西部欠发达地区乡村扩散。总体来看，这些政策并没有促进传统普通乡村的赶超发展，它们的生态、经济和社会可持续性仍存在较多的不稳定因素。

生态环境脆弱、自然资源丰富、经济发展滞后是我国山区的基本特征（陈国阶，2006）。这决定了我们需要制定更加综合的、更符合地区情况的政策（Woods，2005；Long et al.，2010）。为实现欠发达山区的综合性的、可持续的乡村发展，城市与乡村的关系、资源环境与市场的关系、村庄与政府的关系、地方与中央的关系需要被重新评估。如下方面的问题应引起重视：①关于地方政府的发展导向。地方政府在执行和落实区域和乡村政策过程中，片面琢磨获得快速成效的"速效药"的思路是不可取的，应科学评估。在党和政府的晋升、评估体系中，耕地保护、环境保护、贫困发生率、低收入群体的收入增长率等指标应被给予更多权重。②关于户籍制度的改革方向。应着力引导和支持在城市有稳定就业和居住的外来务工人员实现进城落户，进而减轻人口流出地的人地矛盾，增加其资源禀赋。③关于乡村内生发展。亟须加强欠发达地区村民的能力建设，促进基层民主，增进公众参与，践行基于社区的乡村发展模式（Wang and Yao，2007）。为促进边缘化村庄的复兴，应着力发展基于当地的、市场导向的农业生产加工业，由此农业和乡村发展更能受益于强化了的农业食物链（Nel et al.，2007；Marsden，2010）。例如，可鼓励村民充分挖掘丰富的林地资源进而发展林业生态经济。至于发展资金的来源，建议政府可尝试在典型县区开展资金整合试点工作，整合零散发放到农户个体的农业生产补贴资金，建立新的资助机制，支持基于社区的公共基础设施建设项目或地方产业发展项目。④中心村镇是新农村建设的主阵地、农村城镇化的着力点，而土地供给可在促进环境友好型产业发展、重构城乡空间的过程中发挥更加重要的作用，建设用地指标供给可适当向中心村镇倾斜，通过中心村镇来带动传统村域的发展。

关于当前中国乡村发展的路径与政策，应更多的认识到乡村空间的多样性，并更多的聚焦于特定区域，而单纯的某个部门，应积极向有助于增强乡村竞争优势的方面去投资，而不是"撒胡椒面"似的补贴。鉴于不同的社会、历史和文化背景使得常规化的政策执行起来非常困难，应着力实现部门性政策向区域性政策的转变，增强其弹性、地方性，通过建立协调机制，增强其在部委层面、部门层面的协调性。

我们在村域层面的案例研究评估了宏观政策转型的地方响应，分析了其对乡村系统的效应，并揭示了不同的乡村发展行动者往往具有不同的需求和目标，而这极易影响到其在乡村发展过程中的决策和参与。尽管如此，还需开展更为系统的多案例比较研究，进一步揭示资源环境效应产生的动态机制、各类乡村发展行动者的决策机制，为政策优化和产业发展创新提供科学参考。同时，我们的实地调查部分揭示了西部山地丘陵区欠发达乡村地区正在经历的严重的人口减少和老龄化现象，关于其规模、态势、影响及应对策略的相关研究亟待开展。

第七章　结论、建议与展望

　　本章简要梳理本研究的主要结论，并探索构建乡村发展的常态化机制，据此提出促进乡村发展的政策建议，最后展望新时期乡村发展研究的几个重要方向。

7.1　主　要　结　论

7.1.1　我国村域发展与建设的多尺度时空格局

　　利用多源数据对我国村域数量空间分布及其变化、黄淮海地区村落分布特征、村庄基础设施建设公共财政投资和不同尺度城乡聚落间基础设施建设公共财政投资的差异动态、县域乡村综合发展水平及其格局等进行了综合分析。研究发现：①我国行政村数量空间分布整体呈现"胡焕庸线"西北片少、东南片多的格局。近年行政村和自然村的数量均呈快速减少态势。在黄淮海地区，乡村聚落分布特征呈现明显的空间差异和集聚分布特征。②村庄基础设施建设公共财政累计投资的省际差异大体呈现"东高西低""南高北低"的特点。2000年以来城乡人均公用设施投资均不断增加，但城乡差距持续存在。村庄、乡、建制镇、县城和城市的人均公共基础设施投资存在明显差距，2013年其比值为1∶2.0∶4.3∶11.5∶17.9。③我国县域乡村综合发展水平高于全国均值的县域主要分布在东部沿海地区以及内蒙古和新疆的部分地区，在版图上总体呈"7"型分布。中西部内陆区乡村发展水平普遍滞后，西南地区以及沿胡焕庸线的生态脆弱区滞后性尤为突出，交通通达性差是其共性特征。上述研究从多个维度揭示了我国村域建设与发展的空间差异性，该特性决定了乡村发展政策的制定不能"一刀切"，要因地制宜，充分考虑地方特性。当前分散、细碎、小规模的聚落分布模式大大增加了基本公共服务供给的难度、影响了投资效率，有必要因地制宜地推进组织整合、设施引导、产业融合、空间再造，重构乡村空间，但需立足长远、科学谋划、审慎推进。

7.1.2　黄淮海典型地区村域发展的特征与机理

　　基于对黄淮海平原3个典型县区内5个代表性村域在过去30年的发展历程、

影响因素、共性特征的系统考察，探讨了传统农区农业型村域转型发展的过程特征与内在机理。研究发现：①在经济基础、人力资本和社会资本等内源性影响因素以及制度安排、市场需求和专业技术等外源性影响因素的综合作用下，案例村域大致经历了缓慢发展、逐渐起步、转型发展三个阶段。②案例村域转型发展过程的共性特征包括：重视民众参与；以能人为关键主体，着力实现内发动力与外发动力的统筹协调；日益重视抢占产业价值链的高附加值环节；创新是村域发展的力量源泉；战略、规划及行动力是村域发展的重要支撑；村域发展是一个自组织、网络化的动态过程。③其内在机理可归纳为：村民是村域发展的主体，能人是村域发展的核心因素，能人基于对村域自身资源禀赋、发展意愿、市场供需、政策导向、外域经验的洞察，着力激发内部动力、整合外部动力，共同构建协作组织、开展学习创新、制定发展战略、发展社会分工、参与市场竞争，切实推进村域自然—生态结构、技术—经济结构、制度—社会结构的优化，进而促进村域转型发展。在工业化、城镇化快速推进的新时期，为加速传统农区的村域转型发展和城乡一体化，应注重村域生产体系和城镇生产体系的要素融通、信息互享、产业融合、功能互补。

7.1.3 村域转型发展的资源环境效应及其调控

基于村域转型发展及其资源环境效应的理论分析，以地处北京郊区的北村为例，剖析了大城市郊区典型村域在"种、养、加、旅"四业协调发展过程中的资源环境效应及其优化调控过程、特征与内在机理。案例研究发现：①改革开放以来北村经历了缓慢发展、逐渐起步和转型升级三个阶段；②北村的转型发展过程中，资源环境效应存在阶段性差异，资源投入从低效率向高效率转变，环境污染从高污染向低污染转变，环境污染指数曲线具有倒"U"形特征；③优化调控过程可分解为问题呈现、观察评估、激发整合、功能赋予、联合行动和系统重构六个环节；④调控目标得以实现的内在机理在于，以干部、能人和合作组织为核心，成功激发了普通村民和驻村企业的内生需求，有效整合了各级政府、技术单位的外部力量，并以优化资源环境要素为共同目标，顺利构建了目标明确、功能明晰、技术可行、效益良好的行动者网络。新时期的乡村建设及资源环境效应调控应着力增强内发响应机制、优化外源干预机制，尤其要注重环保意识、发展能力、社会责任、科技支撑及管控机制的提增、完善和耦合。

7.1.4 农区空心村土地综合整治的机理与效应

以黄淮海平原农区内河南省郸城县的赤村和王村为例，基于座谈、访谈和问卷调查资料，深入剖析了其空心村整治的过程、机理、效果、适应性和障碍点。研究认为，案例村域通过参与式农村土地综合整治与配置，特别是借助自组织的乡村规划、民主决策机制、内生性制度创新等，实现了农村土地综合整治的预期目标，改善了乡村生产生活条件，增加了耕地面积，并在一定程度上促进了乡村产业的发展，实现了空心村的复兴。案例村域的整治实践对于新时期的参与式农村土地综合整治和村镇发展均具有重要的参考价值。在充分尊重村民的主体地位和发挥其主导性、能动性的前提下，政府适度扶持，科学推进传统农区基于社区的参与式空心村整治，借以实现村域土地利用优化配置，可为增加耕地面积、保障 18 亿亩耕地红线、确保粮食供需平衡、推进新农村建设作出巨大贡献。

7.1.5　西部山地丘陵区乡村对宏观政策的响应

以川南山地丘陵区典型村域——李村为例，基于跟踪调查研究，简要分析了该村 1949 年以来的社会经济发展历程，着重探讨了西部大开发政策、退耕还林政策、农业生产支持政策及新农村建设的地方响应与效应。研究发现，案例村域并未因为这些政策的出台和实施而从原来的边缘化状态走上转型发展之路，与此相反，由于青壮年劳动力快速外流、耕地向林地和非农建设用地大量转化、污染企业运营带来环境污染、农业生产停滞不前，其社会经济状态甚至有所恶化。分析认为，造成上述状况的主要原因在于现有的"一刀切"的政策框架下，主体目标具有非一致性、村民能动力相对有限、激励和约束地方政府行为的机制仍不完善。由此，在城乡转型发展新时期，我国的农业农村发展政策应充分认识乡村空间的差异性、充分发挥当地居民的主体性，强调"自上而下"与"自下而上"的结合，宜进一步整合部门性政策，加强部委间、部门间的协作，逐步实现由部门性政策向区域性政策的转变。

7.2　乡村发展常态化机制探讨

新时期推进我国乡村发展需要完善制度建设、注重科学规划、夯实资源基础、加强能人培育、构建合作组织、促进市场发育、强化产业支撑。据此实现乡村功能的整体提升、乡村价值的全面显化。但目前而言，乡村发展的常态化机制仍未建立。基于调查研究和文献研阅，探讨我国乡村发展常态化机制的基本内涵。本章将其梳理为自我发展机制、反哺互动机制、和谐公平机制三大类（图 7-1）。

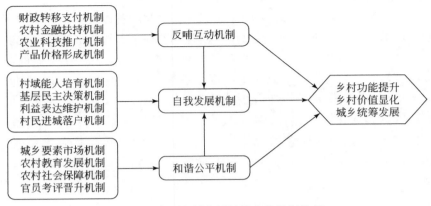

图 7-1　我国乡村发展的常态化机制构架

7.2.1　自我发展机制

1. 村域能人培育机制

能人在村域发展过程中起着重要作用，往往正是他们的创新洞见、技术引进、市场开拓、组织管理尤其是对内外部动力的激发与整合有效促进了村域的转型发展。韩国的新农村建设即表明了能人的重要性，以及有效开展能人培训可能带来很好的社会经济效应。我国当前的现代农业产业化和新农村建设进程中，应十分注重能人的培训工作，夯实村域发展的中坚力量：首先，开展需求调研，通过调查研究，摸清培训需求与意愿状况；其次，开展分类培训，针对农村科技示范户、农村专业户等致富带头人，开展多种形式的科技培训，切实提高其科学文化素质和生产技能水平，培养一批农村专业技术能人，使他们成为促进农民共同致富的带头人；针对合作社负责人、农村经济人等管理能人，应着力提高其合作社专业知识、市场意识、法律意识、风险意识、谈判技能、经营管理能力，培养一批善于经营管理的农村经营管理人员队伍，使之成为联结村域生产体系和外部市场体系的纽带；针对文化能人，应着力提高其在乡村生态文明建设中的能动性。此外，还应为能人的发展和创新提供良好的政策、制度环境，以确保其能充分发挥引导与带动作用。

2. 基层民主决策机制

村民是乡村的缔造者、建设者、维系者和保护者，是乡村发展最重要的主体。案例村域的发展实践得以实现预期目标的一个重要原因便在于他们能较好地发挥村民才智，引导村民参与到村域建设、管理的重要环节。我们在许多地区乡村的调研发现，当前村民的参与权和监督权缺位、乡镇干部权力越位、村里事务都由村两委干部"包办"或"说了算"等现象时有发生。应着力宣传村民自治、参与发展的理念，增强参与意识、提高参与能力。在村集体事务决策时，应将民主自治和参与发展的要求与理念运用到决策过程，充分保障村民代表会议的决策地位和广大农民在村庄重大事务决策中的主体地位，让民众参与机制产生实实在在的效果，并得以长久维系。

3. 利益表达维护机制

农民在中国是人数最多的群体，但却没有一个能够实事求是地整合、代表自己的利益并为自己提供必要的公共服务的组织，由此导致他们无法形成有效的集体行动以保护自己的合法权益。在城乡转型发展的新时期，应将建构农民的利益表达维护机制放在重要位置，提高农民的组织化程度。其重点是要提高农民素质，增强主体意识，并通过法律和制度建设推进农民组织建立和发展、保障农民在村民自治中的主体地位和明确农民在权力机关的政治平等权，给予农村基层经济组织如专业合作社等更多的发展权和更大的扶持力度。

4. 村民进城落户机制

快速工业化城镇化进程中，农村富余劳动力大量进城打工从事非农就业，并为经济增长作出了巨大贡献，但制度障碍使得为城市发展做出巨大贡献的他们绝大部分难以成为城市居民，并由此形成近 30 年来我国农村人口城市化进程中"由农村培养、为城市服务、回农村养老"的数亿农民工的特殊生命周期。这一过程客观上造成了农村的快速空心化，对乡村资源优化配置、社会经济发展带来负面影响，不利于农村人地关系的改善。应进一步深化户籍制度和落户相关机制的改革，确保具备基本条件且有落户意愿的农户能够实现自由落户，获得城镇居民应有的社会保障。此外，尽快建立和完善进城落户过程中的承包地、宅基地优化利用机制，以推进土地流转与整治，促进规模经营，切实减少两头占用，缓解农村人地矛盾，以城镇化助推新农村建设。

7.2.2 反哺互动机制

1. 财政转移支付机制

1994 年我国全面建立了分税制，该制度对于提高政府行政管理效率、促进地区经济增长、更有效的提供公共产品和服务起到了促进作用。但是，由于并未相应调整不同级别政府间的支出责任，地方实际支出责任显著增加，地方政府不得不全力增加本地财源，逐渐开始通过大规模的招商引资来争夺制造业投资，同时开拓以土地出让、各种行政事业性收费为主体的新预算外收入来源（陶然等，2009）。并且，在欠发达地区，农业税的取消使得地方政府提供基本公共服务和产品的能力进一步下降（Kennedy，2007），如郸城的案例村域就出现腾出了土地但政府没钱整理的现象。由此，应适时推进财税体制改革，完善财政转移支付机制，赋予地方政府尤其是欠发达地区的地方政府更多的财政支配能力以推进新农村建设，实现基本公共服务覆盖农村：一方面，逐步调节中央-地方在财税中的分成比例，增加地方分成比重，在加强资金监管的前提下着力提高财政在农村公共物品投入方面的比重；另一方面，逐步建立省内财税统筹机制，基于主体功能区划推进省内的区域财政转移支付，如建立和完善粮食主产区耕地补偿机制、农村空废建设用地整治财政支持机制等。

2. 农村金融扶持机制

当前，金融机构在农村发展中的积极作用仍极为有限：一是表现为大多仍在扮演"抽水机"的角色，将农村储蓄"抽"往城市部门和非农产业部门；二是表现为金融机构为农业发展、农民服务的意愿不强，而这与交易成本高、坏账风险大极为相关；三是农户的各类收益和资产却缺乏有效的投资增值渠道。这为民间非法集资和借贷提供了可乘之机。我们在案例村域的调研发现充分证实了这一点，金融机构在大多数时候不愿意和农民打交道，村民则普遍抱怨银行的门槛太高、信用社的利息太高、贷款额度太小。当前和今后一段时期的农业产业化、农村工业化发展进程中，千千万万的农户和数量可观的农业产业化企业势必需要更多的资金投入，现有机制必然难以满足，亟待创新农村金融扶持机制。一方面，应实现农户的整合，更多地以农民合作社作为对接金融机构的主体，减少交易成本；另一方面，中央和省级政府应加大力度激励金融机构为农村发展服务。

3. 农业科技推广机制

在欠发达的传统农区，农技推广体系极不完善，农业推广项目少，且政府主导下的供给和农户生产中的需求难相匹配。从事高效种植和规模养殖的农户在遇到生产技术难题时仍"一靠经验、二靠邻居，实在不行了就找农资销售商"，并由此造成农业的科技水平和总体效益仍然较低。由此，亟须进一步完善农业技术推广服务机制，以适应和推进农业产业化发展。从调研分析和农民意愿来看，一是要加大乡土技术人才的专业技能培训；二是要加强农村信息化建设力争实现农业科技的订制服务；三是针对共性问题、易发性问题提前或及时开展电视讲座、现场培训等。上述过程中，可以专业合作社为媒介来组织开展，充分发挥其在联结农户和科技服务提供者中的作用。

4. 产品价格形成机制

市场化改革以来，我国农产品价格形成机制不断完善，但仍在较多问题。一是政府的粮食收购价格没有反映粮食的实际价格水平，收购价格一度偏低，且不能及时地反映市场的供求需要；二是同质、分散、缺乏组织的农民缺乏价格博弈能力，成为价格的被动接受者。此外，农业生产具有较大的自然和市场风险，由于极端天气、种植盲目性、信息不对称、价格炒作等因素的存在，造成农产品价格极易波动。在价格上涨时，由于农产品价格是消费价格形成的重要组成部分，政府往往出台价格抑制措施，结果销售商和中间商往往将抑价政策过度传导给农户，造成农户出售价格迅速下降，影响农户收益和下一年的决策。在价格上涨时，农户也极难从中获利。当前我国农业发展正遭遇农产品"价格天花板"的封顶效应、"成本地板"的抬升效应。"两板挤压"下，更应逐步理顺和改革农产品和农资的价格形成机制，坚持市场调节与政府调控相结合的方式，完善粮食定价机制使其更能反映市场供需状况，加强农产品市场价格和供求信息的监测与发布，引导农民提高组织化水平增强其在农产品价格、农资价格形成中的博弈能力。

7.2.3 和谐公平机制

1. 城乡要素市场机制

当前城乡二元制度体系下，城乡要素市场极不完善，主要体现为劳动力市场的不平等和土地市场的不平等。在劳动力市场方面，进城务工人员难以获得与城市居民相对等的工资待遇，同工不同酬现象突出，也由此而限制了他们在城市长久居住的能力；在土地市场方面，政府垄断了土地一级市场，由此造成耕地被强制、低价征用，难以分享土地非农转用后带来的巨大土地升值收益，而农村集体建设用地在市场化流转方面也受到严格限制。随着农村富余劳动力数量的减少和失地农民问题的加剧，应逐渐建立城乡一体化劳动力市场和土地市场，逐步通过市场机制实现城乡劳动力资源的自由流动、合理配置和充分利用，实现城乡劳动力的"同工同酬"、集体土地与国有土地的"同地、同价、同权"。

2. 农村教育发展机制

我国城乡教育不公平问题加剧：一是城乡教育投入的不公平。城市基础教育的资金列入城市财政预算，基本上可以保障资金的供给，而农村基础教育资金投入则严重不足，农村基础教育发展不容乐观；二是城乡教育成本的不公平。来自欠发达地区农村的贫困大学生和来自城市中产阶级的大学生一样，需支付相同的学费。完善农村教育发展机制，促进教育公平，一方面应优化教育资源的城乡配置，加大对农村基础教育的财政投入，提高农村义务教育和职业教育的资源供给；另一方面应逐步减轻农村青少年的求学经济负担，鼓励接受中等职业教育和高等教育。此外，还应强化乡土教育，增加社会公众对农村的认识、认同和支持。

3. 农村社会保障机制

当前，我国农村社会保障体系建设严重滞后。在医疗保险方面，城镇居民基本上可以享受公费医疗或在医疗保险制度覆盖的范围内购买保险，而农村合作医疗保健制度近年虽有改善，但总体而言农村医疗保险的标准仍然偏低，城乡医疗卫生发展水平差距依然较大，农村居民看病难的问题依然大量存在，因病致贫仍是农村居民家庭贫困的重要诱因；在养老保障方面，城市居民大多可以享受养老保障，而尽管近年农村居民的养老保障制度有所完善、保障水平有所提高，但保障标准月均普遍不足 100 元，农村老龄人口"老有所养"的愿望依然较难实现。应进一步完善农村社会保障体制，竭力实现社会保障在农村的全面有效覆盖，提高保障标准。

4. 官员考评晋升机制

我国的官员考评晋升机制仍不完善，主要体现为城市发展偏向和经济增长偏向，而农村往往成为被忽视的区域，形成了以 GDP 为导向的官员升迁模式（周黎安，2007）。在该机制下，短期内缺乏经济效益的农业和相对弱势的农村难以受惠，甚至受到其负面影响：一方面，地方政府降低土地出让价格，甚至实施零地价，加速耕地流失，产生失地农民（Yang and Wang, 2008；陶然等，2009）；另一方面，给污染型产业以可乘之机，带来严重的环境污染问题；此外，为彰显政绩，新农村建设急于求成，热衷于"锦上添花"、做"面子工程"，将有限的资金、项目投入到原本就发展的相对较好的村镇，而大量欠发达村镇被边缘化。尽管近年略有改善，特别是许多省份已经着手调整了贫困县的绩效考核机制，大大弱化了 GDP 考核权重，但进度仍较缓慢。应尽快完善地方政府考评晋升机制，为新农村建设提供必要的外围制度保障。首先，在指导思想上，党政管理绩效评估体系要体现科学发展观和正确政绩观；其次，在内容上，要改革原来把经济增长、GDP 当成核心评价指标的做法，把耕地保护、环境质量、低收入群体收入增长速度、欠发达农村社会经济综合发展速度、城乡居民满意度和幸福感指数、社会的和谐度及居民的安全感指数等反映地方政府的社会管理和公共服务工作内容的指标加进去，做到理念与实践的统一（鲁奇，2009）。最终，建立以提供符合城乡居民需求的公共物品、公共服务为中心的绩效评价机制，切实推进城乡转型发展。

7.3　促进乡村发展的政策建议

7.3.1　继续加大对农业农村发展的扶持力度

当前，我国城乡基本公共服务的二元性特征明显。2013 年城市基础设施建设公共财政人均投资为 4337 元，而村庄基础设施建设公共财政人均投资近 243元，前者是后者的 18 倍。案例村域调研表明，农村基本公共服务是村域发展的重要影响因素，而目前农村公共基础设施和各类基本社会保障的供给水平仍比较低，许多村域在基础设施建设、人居环境治理、土地综合整治方面，仍缺乏来自财政的必要的资金支持。建议充分应用 WTO "绿箱补贴"，进一步加大各级财政对农业农村发展的投入力度，加强财政对农业的基本建设、农村的扶贫开发的支持力度，切实提升农村基本公共服务的广度和力度，改善农村公共基础设施，增强社区的可达性，完善土地整治、环境治理等具有公共物品属性的公益性项目的多元投入机制。

7.3.2　着力加强相关主体的意识和能力建设

乡村发展政策的实施、乡村发展实践的创新等均需要具有较强能动性的行动者。本章的案例分析表明，村域能人是整合外部支持和内生动力进而促进村域发展的关键主体。但就目前而言，愈演愈烈的农村空心化进程中，大多数村域缺乏能够有意愿、有能力带领村民致富的能人。应着力加强村干部、乡村企业家、技术骨干等乡土管理专家、技术专家等相关主体的意识和能力建设，营造良好环境，提升其发展能力、增强其发展意识，逐步壮大村域发展的主体队伍。

7.3.3　逐步建立和完善参与式乡村发展机制

基于社区/当地的参与式发展，是许多国家和地区乡村发展得以成功的要诀。参与式乡村发展在我们案例村域的发展过程也得到了不同程度的体现，并取得实效。但是，综合不同地区乡村发展的问题来看，受制于传统观念、制度壁垒，参与式发展的理念仍不够普及和机制仍不够完善。发展模式仍以政府主导的"自上而下"式发展为主，在较大程度上制约了主体能动性、积极性的发挥。建议逐步建立和完善参与式乡村发展机制，促进"自上而下"的发展模式与"自下而上"的发展模式的有机结合，着力实现内发动力与外发动力的统筹协调。

7.3.4 深入开展相关政策与体制的创新实践

制度安排、政策扶持、规划引导是村域发展的重要推进因素。但实地调研发现，在目前的体制和机制下传统农区村域发展面临诸多困难，"能人"这一要素的不确定性决定了能人带动型村域发展的可持续性不强，仍需进一步加强农村发展的试点试验研究，推进制度与政策创新，构建农村发展的常态化机制。以公共物品供给为例，其供给不足是村域发展滞后的重要表征和主要原因，并成为村域发展的限制性因素。然而调研发现，来自中央的惠农政策要么经由各部门"条条块块"的"跑、冒、滴、漏"来到小部分适宜作为其"典型"的村域，要么以普惠型政策的方式直接"打卡"补贴到农村的千家万户。前一种方式往往造成经费的过程损耗和投资的瞄准性差，后一种方法则难在村集体几乎无法再将这部分钱组织起来用于增加村域公共物品供给。而与此同时，医疗保险、养老保险的缴纳往往还需乡村干部、协管员等挨家挨户去收，耗时多、成本高。村民和村集体最清楚本村稀缺的公共物品供给是什么，民主决策机制下的村集体可能最能够将有限的钱花在刀刃上，但目前他们的声音往往被淹没，有限的资金也往往被"耗在路途中、砸在典型上、发到家里头"，难以由村集体进行高效配置。由此，建议尝试以 3~5 个不同类型县域为试点，进行惠农政策改革的综合试验，大致思路为：整合 5~8 年内的各类支农惠农补贴，集中纳入"乡村发展基金"，村集体经由民主决策机制以项目申请的方式获得基金资助，并用于村域基本公共物品供给，由村民和第三方机构对经费使用情况和执行效果进行监督。以每村 2000 人，人均每年 200 元计（当前粮食生产的亩均补贴就已接近 100 元），1 年的资金总额达 40 万元，5 年达 200 万元，足以用于大部分公共物品供给，并起到现有方式所难以起到的作用。当然，此类综合试验研究的难度很大，需要各级政府的鼎力支持、村两委的认真执行、当地村民与合作组织的广泛参与。

7.4 研究展望

7.4.1 继续深化村域发展的理论和实证研究

本章基于我国不同类型地区内多个村域的案例研究，梳理了传统平原农区相对成功型村域发展的影响因素、共性规律和一般机理，探讨了村域发展的资源环境效应及其优化调控路径，剖析了基于社区的参与式农村土地综合整治模式，考察了山地丘陵区乡村社区对宏观政策的响应及其地方效应。上述相关理论与案例研究成果有待通过更为系统的定量模拟、案例分析、比较研究给予进一步验证和完善。特别是，研制科学合理的计量模型利用可靠的村级数据进行验证，而加强相对成功型村域与其周边村域的比较研究亦具有理论和实践价值。此外，中国目前仍有 832 个贫困县，12.8 万个贫困村，超过 7000 万贫困人口，深入开展不同类型地区贫困村域发展机理、障碍因子、转型模式的地理学综合研究尤有必要。

7.4.2 着力开展中心村镇发展的地理学研究

农村区域发展不仅仅是一个部门性、社区性问题，其尺度性决定了它更是区域性问题，有待从城乡的、区域的更为系统的角度，进行多尺度、多层面的综合研究和审视。本章初步探讨了小尺度村域发展的机理与效应，尚需进行尺度转换和上移，探讨更高层级区域的乡村发展问题。乡村地域不完全是均质区域，除作为中心城市的相对均质的腹地，其地域范围内也存在节点、极核，如中心性较强、辐射带动力大的中心村镇。往往正是借助这些中心村镇的桥接功能，广大乡村腹地与这些中心城市实现了较好的要素互动与产业协同，进而促进了乡村的发展。进一步，可着眼于城镇体系或村镇体系，以中心村镇为研究对象，深入探讨其发展的过程、机理、效应与模式，丰富乡村地理学的研究内容，为新时期的新型城镇化建设和统筹城乡发展提供科学参考。

7.4.3 加强乡村发展新情况与新问题的研究

快速城镇化、工业化进程给我国的乡村发展带来巨大影响，有必要加强该进程中乡村发展新情况与新问题的调查分析和前瞻性研究。例如：①青壮年劳动力大量外流，并由此导致乡村人口老龄化加剧、劳动力技能水平下降以及资金可获得性不高是案例村域在发展过程中面临的共性问题，同时也是农村空心化的综合体现，该空心化过程的资源环境与社会经济效应、优化途径均亟待研究；②户籍制度改革的大背景下，亟须深入了解农民进城落户意愿，基于定计量模型分析其影响因素和落户概率，以切实服务于城乡发展建设规划的编制；③农村土地整治过程中，企业进村开展拆旧建新并获得新增用地使用权的现象日益普遍，并往往造成农民权益受侵害，亟须研究并出台相关规制措施，以保障农民权益，切实实现多赢；④城乡人口、资本等具有流动性，但土地资源缺乏流动性，应前瞻性探讨 2030 年、2040 年乃至 2050 年时，谁居住在中国农村、谁是农村土地的所有者和经营者、中国农村和农业的竞争力在哪里，进而探索从当前开始如何调适、优化我国的农业和农村发展政策，增强农业和农村发展规划的战略性。总体而言，我国正处于农业和乡村发展宏观政策的转型期，加强不同类型区乡村发展新情况、新问题甚至未来情景的地理学综合研究，可及时服务于政府决策，切实推进区域农业和农村发展的成功转型。

参 考 文 献

阿马蒂亚·森. 2002. 以自由看待发展. 任赜, 于真译. 北京: 中国人民大学出版社.

安毅. 2007. 中国农村经济政策: 多元目标与综合创新. 北京: 中国市场出版社.

边燕杰, 丘海雄. 2000. 企业的社会资本及其功效. 中国社会科学, (2): 87-99.

蔡昉, 都阳. 2000. 中国地区经济增长的趋同与差异——对西部开发战略的启示. 经济研究, (10): 30-37.

蔡昉, 都阳, 王美艳. 2008a. 经济发展方式转变与节能减排内在动力. 经济研究, (6): 4-11, 36.

蔡昉, 王德文, 都阳. 2008b. 中国农村改革与变迁——30 年历程和经验分析. 上海: 上海人民出版社.

蔡运龙. 1999. 农业与农村可持续发展的地理学研究. 地球科学进展, 20 (4): 12-14.

蔡运龙, 傅泽强, 戴尔阜. 2002. 区域最小人均耕地面积与耕地资源调控. 地理学报, 57 (2): 127-134.

蔡运龙, 叶超, 陈彦光. 2011. 地理学方法论. 北京: 科学出版社.

车裕斌. 2008. 典型村落经济社会转型及发展趋势. 广西民族大学学报 (哲学社会科学版), 30 (3): 7-13.

陈百明. 2001. 中国农业资源综合生产能力与人口承载能力. 北京: 气象出版社.

陈传波, 李爽, 王仁华. 2010. 重启村社力量, 改善农村基层卫生服务治理. 管理世界, (5): 82-90.

陈国阶. 2006. 中国山区发展研究的态势与主要研究任务. 山地学报, 24 (5): 531-538.

陈诗一. 2009. 能源消耗、二氧化碳排放与中国工业的可持续发展. 经济研究, (4): 41-55.

陈晓华. 2008. 乡村转型与城乡空间整合研究. 合肥: 安徽人民出版社.

陈玉福, 孙虎, 刘彦随. 2010. 中国典型农区空心村综合整治模式. 地理学报, 65 (6): 727-735.

崔卫国, 李裕瑞, 刘彦随. 2011. 中国重点农区农村空心化的特征、机制与调控——以河南省郸城县为例. 资源科学, 33 (11): 2014-2021.

邓大才. 2010. 如何超越村庄: 研究单位的扩展与反思. 中国农村观察, (3): 86-96.

狄金华. 2009. 中国农村田野研究单位的选择——兼论中国农村研究的分析范式. 中国农村观察, (6): 80-91.

董亚珍, 闻海燕. 2009. 我国新农村建设的个案研究——滕头村的调查与思考. 经济纵横, (11): 67-70.

段娟, 文余源. 2007. 我国省域城乡互动发展水平的综合评价. 统计与决策, (3): 67-69.

樊杰. 2008. "人地关系地域系统" 学术思想与经济地理学. 经济地理, 28 (2): 177-183.

方创琳, 鲍超, 乔标, 等. 2008. 城市化过程与生态环境效应. 北京: 科学出版社.

方创琳, 冯仁国, 黄金川. 2003. 三峡库区不同类型地区高效生态农业发展模式与效益分析, 自然资源学报, 18 (2): 228-234.

方湖柳. 2009. 新中国 60 年: 一个村域 (泰西) 工农业互动发展的典型案例. 现代经济探讨,

（5）：70-74.

房艳刚，刘继生．2012．理想类型叙事视角下的乡村景观变迁与优化策略．地理学报，67（10）：1399-1410.

费孝通．1985．小城镇四记．北京：新华出版社．

封志明，杨艳昭，张晶．2008．中国基于人粮关系的土地资源承载力研究：从分县到全国．自然资源学报，23（5）：865-875.

高建华，李会勤．2003．农村居民点整理模式的调查与研究——以河南汝州市温庄村为例．农村经济，（10）：26-27.

龚胜生，张涛．2013．中国"癌症村"时空分布变迁研究．中国人口·资源与环境，23（9）：156-164.

谷晓坤，陈百明，代兵．2007．经济发达区农村居民点整理驱动力与模式——以浙江省嵊州市为例．自然资源学报，22（5）：701-708.

顾益康．2010．中国村社转型发展新路线图．农村工作通讯，（20）：20-21.

桂丽．2008．取消农业税后西部地区县乡财政的困境与对策研究．农村经济，（8）：62-65.

桂丽，陈新．2008．取消农业税后典型农业县面临的新问题及对策研究——以云、贵、川几个典型农业县为例．经济问题探索，（8）：146-149.

郭焕成，徐勇，姚建衢．1991．黄淮海地区乡村地理．石家庄，河北科学技术出版社．

郭丽英，王道龙，邱建军．2009．河南省粮食生产态势及其能力提升对策．中国人口资源与环境，19（2）：153-156.

郭淑敏，程序，邱化蛟．2004．京郊农业活动非点源污染现状及防治对策．环境保护，（4）：32-36.

国家发展和改革委员会价格司．2009．全国农产品成本收益资料汇编（2005-2009）．北京：中国统计出版社．

何深静，钱俊希，徐雨璇，等．2012．快速城市化背景下乡村绅士化的时空演变特征．地理学报，67（8）：1044-1056.

贺雪峰．2009．村治的逻辑——农民行动单位的视角．北京：中国社会科学出版社．

贺雪峰，郭亮．2010．农田水利的利益主体及其成本收益分析——以湖北省沙洋县农田水利调查为基础．管理世界，（7）：86-97.

洪银兴，陈宝敏．2001．"苏南模式"的新发展——兼与"温州模式"比较．宏观经济研究，（7）：29-34，52.

胡业翠，郑新奇，徐劲原，等．2012．中国土地整治新增耕地面积的区域差异．农业工程学报，28（2）：1-6.

贾燕，李钢，朱新华，等．2009．农民集中居住前后福利状况变化研究——基于森的"可行能力"视角．农业经济问题，（2）：30-36.

姜广辉，张凤荣，谭雪晶．2008．北京市平谷区农村居民点用地空间结构调整．农业工程学报，24（11）：69-75.

蒋远胜．2007．西部地区社会主义新农村建设的内容与优先序．中国农村经济，（1）：20-27.

金其铭．1988．农村聚落地理．北京：科学出版社．

李伯华，曾菊新．2009．基于农户空间行为变迁的乡村人居环境研究．地理与地理信息科学，25（5）：84-88．

李承嘉．2005．行动者网络理论应用于乡村发展之研究：以九份聚落 1895-1945 年发展为例．地理学报（台湾），（39）：1-30．

李崇明，丁烈云．2009．基于 GM（1，N）的小城镇协调发展综合评价模型及其应用．资源科学，31（7）：1181-1187．

李君，李小建．2008．河南中收入丘陵区村庄空心化微观分析．中国人口·资源与环境，18（1）：170-175．

李小建．2006．经济地理学．北京：高等教育出版社．

李小建．2009．农户地理论．北京：科学出版社．

李小建，李二玲．2004．中国中部农区企业集群的竞争优势研究——以河南省虞城县南庄村钢卷尺企业集群为例．地理科学，24（2）：136-143．

李小建，罗庆，樊新生．2009．农区专业村的形成与演化机理研究．中国软科学，（2）：71-80．

李小建，乔家君．2001．20 世纪 90 年代中国县际经济差异的空间分析．地理学报，56（2）：136-165．

李小建，周雄飞，郑纯辉，等．2012．欠发达区地理环境对专业村发展的影响研究．地理学报，67（6）：783-792．

李小建，周雄飞，郑纯辉．2008．河南农区经济发展差异地理影响的小尺度分析．地理学报，63（2）：147-155．

李小云．参与式发展概论．2001．北京：中国农业大学出版社．

李秀彬．2008．农地利用变化假说与相关的环境效应命题．地球科学进展，23（11）：1124-1129．

李裕瑞，刘彦随，龙花楼，等．2013．大城市郊区村域转型发展的资源环境效应与优化调控研究——以北京市顺义区北村为例．地理学报，68（6）：825-838．

李裕瑞，刘彦随，龙花楼．2011．黄淮海地区乡村发展格局与类型．地理研究，30（9）：1637-1647．

李裕瑞，刘彦随，龙花楼．2012．黄淮海典型地区村域转型发展的特征与机理．地理学报，67（6）：771-782．

李裕瑞，龙花楼，刘彦随．2010．中国农村人口与农村居民点用地的时空变化．自然资源学报，25（10）：1629-1638．

林坚，李尧．2007．北京市农村居民点用地整理潜力研究．中国土地科学，21（1）：58-65．

林建华，任保平．2009．西部大开发战略 10 年绩效评价：1999～2008．开发研究，（1）：48-52．

林乐芬．2007．发展经济学．南京：南京大学出版社．

林毅夫，刘培林．2003．中国的经济发展战略与地区收入差距．经济研究，（3）：19-25．

刘豪兴．2008．农村社会学（第二版）．北京：中国人民大学出版社．

刘纪远，张增祥，徐新良，等．2009．21 世纪初中国土地利用变化的空间格局与驱动力分析．地理学报，64（12）：1411-1420．

刘婷，李小建．2009．区域环境约束下的特色农业专业村发展研究——以唐僧寺葡萄产业专业村为例．河南科学，27（4）：491-496.

刘卫东．2013.经济地理学思维．北京：科学出版社．

刘卫东，刘彦随，金凤君，等．2008.2007中国区域发展报告：中部地区发展的基础、态势与战略方向．北京：商务印书馆．

刘卫东，刘毅，秦玉才，等．2010.2009中国区域发展报告：西部开发的走向．北京：商务印书馆．

刘亚琼，杨玉林，李法虎．2011.基于输出系数模型的北京地区农业面源污染负荷估算．农业工程学报，27（7）：7-12.

刘彦随．2007a.中国东部沿海地区乡村转型发展与新农村建设．地理学报，62（6）：563-570.

刘彦随．2007b.重振农业地理学，服务新农村建设．科学时报，2007-10-29.

刘彦随，靳晓燕，胡业翠．2006.黄土丘陵沟壑区农村特色生态经济模式探讨——以陕西绥德县为例．自然资源学报，21（5）：738-745.

刘彦随，刘玉．2010.中国农村空心化问题研究的进展与展望．地理研究，29（1）：35-42.

刘彦随，刘玉，翟荣新．2009a.中国农村空心化的地理学研究与整治实践．地理学报，64（10）：1193-1202.

刘彦随，龙花楼，陈玉福，等．2011.中国乡村发展研究报告：农村空心化及其整治策略．北京：科学出版社．

刘彦随，屠俊勇．1997.温州沿海地区经济运行机制及可持续性对策．地域研究与开发，16（4）：37-41.

刘彦随，王介勇，郭丽英．2009b.中国粮食生产与耕地变化的时空动态．中国农业科学，42（12）：4269-4274.

刘彦随．2010.农村土地整治要让农民受益．人民日报，2010-11-12（A13）．

刘彦随．2011.中国新农村建设地理论．北京：科学出版社．

刘彦随．2013.农村治污没有退路．人民日报，2013-02-26.

刘耀彬，李仁东，宋学锋．2005.中国区域城市化与生态环境耦合的关联分析．地理学报，60（2）：237-247.

龙花楼．2012.中国乡村转型发展与土地利用．北京：科学出版社．

龙花楼，李婷婷．2012.中国耕地和农村宅基地利用转型耦合分析．地理学报，67（2）：201-210.

龙花楼，李裕瑞，刘彦随．2009.中国空心化村庄演化特征及其动力机制．地理学报，64（10）：1203-1213.

隆昌县志编纂委员会．1995.隆昌县志．成都：巴蜀书社．

鲁奇．2009.论我国社会主义新农村建设理念与实践的统一．中国人口·资源与环境，19（1）：6-12.

陆大道．2001.论区域的最佳结构与最佳发展——提出"点-轴系统"和"T"型结构以来的回顾与再分析．地理学报，56（2）：127-135.

陆大道．2002.关于地理学的"人-地系统"理论研究．地理研究，21（2）：135-145.

陆大道，姚士谋，刘慧，等．2007.2006中国区域发展报告：城镇化进程及空间扩张．北京：商务印书馆．

陆铭, 陈钊. 2004. 城市化、城市倾向的经济政策与城乡收入差距. 经济研究, (6): 50-58.

陆铭, 陈钊, 万广华. 2005. 因患寡, 而患不均—中国的收入差距、投资、教育和增长的相互影响. 经济研究, (12): 4-14.

陆学艺. 2001. 内发的村庄. 北京: 北京社会科学文献出版社.

迈克尔·波特. 1987. 竞争优势. 北京: 华夏出版社.

迈克尔·波特. 2006. 国家竞争优势. 北京: 华夏出版社.

毛丹. 2008. 村庄的大转型. 浙江社会科学, (10): 2-13.

毛汉英. 1991. 县域经济和社会同人口、资源、环境协调发展研究. 地理学报, 46 (4): 385-395.

乔家君. 2008. 中国乡村地域经济论. 北京: 科学出版社.

乔家君. 2011. 中国乡村社区空间论. 北京: 科学出版社.

乔家君, 赵德华, 李小建. 2008. 工业发展对村域经济影响的时空演化——基于巩义市回郭镇21个村的调查分析. 经济地理, 28 (4): 617-622.

乔雪, 唐亚. 2008. 长江上游退耕还林工程的农业生产和水环境效益评价——以四川省为例. 山地学报, 26 (2): 161-169.

秦富, 钟钰, 张敏, 等. 2009. 我国"一村一品"发展的若干思考. 农业经济问题, (8): 4-8.

曲福田. 2010. 中国工业化、城镇化进程中的农村土地问题研究. 北京: 经济科学出版社.

曲福田, 谭荣. 2010. 中国土地非农化的可持续治理. 北京: 科学出版社.

石忆邵. 2007. 国内外村镇体系研究述要. 国际城市规划, 22 (4): 84-88.

宋金平, 李丽平. 2000. 北京市城乡过渡带产业结构演化研究. 地理科学, 20 (1): 20-26.

宋伟, 张凤荣, 孔祥斌, 等. 2006. 自然经济限制性下天津市农村居民点整理潜力估算. 自然资源学报, 21 (6): 888-899.

孙久文, 肖春梅, 施晓丽. 2009. 我国城乡发展的成就、问题及未来选择. 社会科学辑刊, (4): 82-86.

陶然, 陆曦, 苏福兵, 等. 2009. 地区竞争格局演变下的中国转轨: 财政激励和发展模式反思. 经济研究, (7): 21-33.

田明, 樊杰. 2003. 新产业区的形成机制及其与传统空间组织理论的关系. 地理科学进展, 22 (2): 186-194.

田双全, 黄应绘. 2010. 从城乡居民收入差距看西部大开发的实施效果. 经济问题探索, (9): 20-25.

涂重航. 2010. 多省撤村圈地意在土地财政. 新京报, 2010-11-02.

王成新, 姚士谋, 陈彩虹. 2005. 中国农村聚落空心化问题实证研究. 地理科学, 25 (3): 257-262.

王建廷. 2007. 区域经济发展动力与动力机制. 上海: 上海人民出版社, 格致出版社.

王介勇, 刘彦随, 陈玉福. 2010. 黄淮海平原农区典型村庄用地扩展及其动力机制. 地理研究, 29 (10): 1833-1840.

王景新. 2008. 村域经济转型研究反思. 广西民族大学学报 (哲学社会科学版), 30 (3): 2-6.

王景新. 2009. 农村改革与长江三角洲村域经济转型. 北京: 中国社会科学出版社.

王景新, 赵旦. 2009. 长江三角洲村域集体经济转型发展研究. 现代经济探讨, (11)：30-34.

王洛林, 魏后凯. 2003. 我国西部大开发的进展及效果评价. 财贸经济, (10)：5-12.

王少国. 2006. 我国城乡居民收入差别对经济增长约束的实证分析. 当代经济科学, 28 (2)：
　37-44.

吴传钧. 1991. 论地理学的研究核心：人地关系地域系统. 经济地理, 11 (3)：1-6.

吴传钧. 2001. 中国农业与农村经济可持续发展问题：不同类型地区实证研究. 北京：中国环境
　科学出版社.

吴传钧. 2002. 迎接中国地理学进入发展的新阶段. 地域研究与开发, 21 (3)：1-5.

吴传钧. 2008. 地理学要为"三农"服务. 科学时报, 2008-02-25.

吴次芳. 1997. 乡村土地整理的若干技术问题探讨. 中国土地科学, 11 (4)：41-45.

谢高地, 封志明, 沈镭, 等. 2010. 自然资源与环境安全研究进展. 自然资源学报, 25 (9)：
　1424-1431.

邢祖礼. 2008. 退耕还林中的寻租行为——基于四川省内江市的实例. 中国农村观察, (3)：
　29-37.

徐绍史. 2009. 大力推进农村土地整治恰逢其时. 中国国土资源报, 2009-04-29.

许鲜苗. 2009. 西部城乡统筹的现状评价及制约因素. 财经科学, (8)：118-124.

薛力. 2001. 城市化背景下的"空心村"现象及其对策探讨——以江苏省为例. 城市规划, 25
　(6)：8-13.

杨杨, 吴次芳, 罗罡辉, 等. 2007. 中国水土资源对经济的"增长阻尼"研究. 经济地理, 27
　(4)：529-532, 537.

姚慧琴, 任宗哲. 2009. 西部蓝皮书2009：中国西部经济发展报告. 北京：社会科学文献出版社.

姚小涛, 席酉民. 2003. 社会网络理论及其在企业研究中的应用. 西安交通大学学报 (社会科
　学版), 23 (3)：22-27.

叶敬忠. 2005. 农民视角的新农村建设. 北京：社会科学文献出版社.

于建嵘. 岳村政治——转型期中国乡村政治结构的变迁. 北京：商务印书馆.

苑鹏. 2004. 工业化进程中村庄经济的变迁——以东部地区的一个发达村庄为例. 管理世界,
　(7)：69-77, 85.

张富刚. 2008. 我国东部沿海发达地区农村发展态势与模式研究. 北京：中国科学院地理科学
　与资源研究所博士学位论文.

张富刚, 刘彦随. 2008. 中国区域农村发展动力机制及其发展模式. 地理学报, 63 (2)：
　115-122.

张雷. 2010. 现代城镇化的资源环境基础. 自然资源学报. 25 (4)：696-704.

张小林. 1999. 乡村空间系统及其演变研究：以苏南为例. 南京：南京师范大学出版社.

张义丰, 贾大猛, 谭杰, 等. 2009. 北京山区沟域经济发展的空间组织模式. 地理学报, 64
　(10)：1231-1242.

张正河. 2010. 快速城市化背景下的村庄演化方向研究. 农业经济问题, (11)：16-22.

赵海林. 2009. 农民集中居住的策略分析——基于王村的经验研究. 中国农村观察, (6)：
　31-36.

甄峰，赵勇，赵俊，等．2008．新农村建设与乡村发展研究——唐山秦皇岛乡村个案分析．地理科学，28（4）：464-470．

中国土地资源生产能力及人口承载量研究课题组．1991．中国土地资源生产能力及人口承载量研究．北京：中国人民大学出版社．

周飞舟．2006．分税制十年：制度及其影响．中国社会科学，（6）：100-115．

周黎安．2007．中国地方官员的晋升锦标赛模式研究．经济研究，（7）：36-50．

周立三．1990．人口资源与生态环境的观点分析我国国情与农村经济发展．地理学报，45（3）：257-263．

周应恒，谢美婧，熊素兰，等．2010．江苏邳州大蒜主产地形成机制研究：农户规模化种植视角．农业经济问题，（9）：37-41．

周祝平．2008．中国农村人口空心化及其挑战．人口研究，32（2）：45-52．

朱华友．2007．浙江省现代工业型村落经济社会变迁研究．北京：中国社会科学出版社．

朱晓华，陈秧分，刘彦随，等．2010．空心村土地整治潜力调查与评价技术方法——以山东省禹城市为例．地理学报，65（6）：736-744．

邹薇，周浩．2007．中国省际增长差异的源泉的测算与分析（1978~2002）．管理世界，（7）：37-46．

曾菊新．2001．现代城乡网络化发展模式．北京：科学出版社．

曾磊，雷军，鲁奇．2002．我国城乡关联度评价指标体系构建及区域比较分析．地理研究，21（6）：763-771．

Abrams J B, Gosnell H. 2012. The politics of marginality in Wallowa County, Oregon: Contesting the production of landscapes of consumption. Journal of Rural Studies, 28 (1), 30-37.

Alston M. 2004. 'You don't want to be a check-out chick all your life': the out-migration of young people from Australia's small rural towns. Australian Journal of Social Issues, 39 (3): 299-313.

Amin A, Thrift N. 1995. Institutional issues for the European regions: from markets and plans to socioe-conomics and powers of association. Economy and Society, 24 (1): 41-66.

Arrow K, Bolin B, Costanza R, et al. 1995. Economic growth, carrying capacity, and the environment. Science, 268: 520-521.

Ash R F, Edmonds R L. 1998. China's land resources, environment and agricultural production. The China Quarterly, (156): 836-879.

Auty R M. 1993. Sustaining Development in Mineral Economics: the Resource Curse Thesis. London: Routledge.

Baslé M. 2006. Strengths and weaknesses of European Union policy evaluation methods: ex-post evaluation of Objective 2, 1994-99. Regional Studies, 40 (2): 225-235.

Berke P, Spurlock D, Hess G. Band L. 2013. Local comprehensive plan quality and regional ecosystem protection: The case of the Jordan Lake watershed, North Carolina, USA. Land Use Policy, 31, 450-459.

Binns T, Nel E. 2003. The village in a game park: local response to the demise of coal mining in KwaZulu-Natal, South Africa. Economic Geography, 79 (1): 41-66.

Bjorna H, Aarsaether N. 2009. Combating depopulation in the northern periphery: local leadership strategies in two Norwegian municipalities. Local Government Studies, 35 (2): 213-233.

Botes L, van Rensburg D. 2000. Community participation in development: nine plagues and twelve commandments. Community Development Journal, 35 (1): 41-58.

Bourdieu P. 1986. The Forms of Capital. Westport, CT: Greenwood Press.

Bridger J C, Theodore R A. 2008. An interactional approach to place- based rural development. Community Development, 39 (1): 99-111.

Brown L R. 1995. Who Will Feed China? New York: W W Norton.

Bryden J M. 1998. Development strategies for remote rural regions: what do we know so far? Paper presented at the OECD International Conference on Remote Rural Areas—Developing through Natural and Cultural Assets, Albarracin, Spain, November 5-6.

Bryden J, Geisler C. 2007. Community-based land reform: lessons from Scotland. Land Use Policy, 24 (1): 24-34.

Burt R S. Structural Holes. 1992. Cambridge, MA: Harvard University Press.

Cabanillas F J J, Aliseda J M, Gallego J A G, Jeong J S. 2013. Comparison of regional planning strategies: Countywide general plans in USA and territorial plans in Spain. Land Use Policy, 30 (1), 758-773.

Callon M. 1986. Some elements of a sociology of translation: domestication of the scallops and fishermen of St. Brieuc Bay. In: Law J. Power, Action and Belief: a New Sociology of Knowledge? London: Routledge: 196-233.

Cao SX, Xu HG, Chen L, et al. 2009. Attitudes of farmers in China's northern Shaanxi Province towards the land-use changes required under the Grain for Green Project, and implications for the project's success. Land Use Policy, 26 (4): 1182-1194.

Chambers R. 1994. Participatory rural appraisal (PRA): challenges, potentials and paradigm. World Development, 22 (10): 1437-1454.

Chen M J, Zheng Y N. 2008. China's regional disparity and its policy responses. China & World Economy, 16 (4): 16-32.

Chen M X, Lu D D, Zha L S. 2010. The comprehensive evaluation of China's urbanization and effects on resources and environment. Journal of Geographical Sciences, 20 (1): 17-30.

Cheng S K, Xu Z R, Su Y, et al. 2010. Resources flow and its environmental impacts. Journal of Resources and Ecology, 1 (1): 15-24.

Clawson M. 1966. Factors and forces affecting the optimum future rural settlement pattern in the United States. Economic Geography, 42 (4): 283-293.

Cloke P J. 1979. Key Settlements in Rural Areas. London: Methuen.

Clout H D. 1972. Rural Geography: An Introductory Survey. Oxford: Pergamon.

Cole R J. 1998. Energy and greenhouse gas emissions associated with the construction of alternative structural systems. Building and Environment, 34 (3): 333-348.

Costanza R, d'Arges R, de Groot R, et al. 1997. The value of the world's ecosystem services and natural capital. Nature, 387 (6630): 253-260.

Courtney P, Hill G, Roberts D. 2006. The role of natural heritage in rural development: an analysis of economic linkages in Scotland. Journal of Rural Studies, 22 (4): 469-484.

Cullingworth B, Caves R. 2009. Planning in the USA: Policies, Issues, and Processes. London: Routledge.

Cullingworth B, Nadin V. 2002. Town and country planning in the UK (13th ed.). London: Routledge.

Démurg S. 2002. 地理位置与优惠政策对中国地区经济发展的相关贡献. 经济研究, (9): 14-23.

Daniels T L, Lapping M B. 1987. Small town triage: A rural settlement policy for the American Midwest. Journal of Rural Studies, 3 (3), 273-280.

Ding C R. 2003. Land policy reform in China: assessment and prospects. Land Use Policy, 20 (2): 109-120.

Duan N, Lin C, Liu X D, et al. 2011. Study on the effect of biogas project on the development of low carbon circular economy: a case studyof Beilangzhong eco-village. Procedia Environmental Sciences, (5): 160-166.

Dumreicher H. 2008. Chinese villages and their sustainable future: the European Union- China-Research Project 'SUCCESS'. Journal of Environmental Management, 87 (2): 204-215.

Edmonds R L. 1994. Patterns of China's Lost Harmony: a Survey of the Country's Environmental Degradation and Protection. New York: Routledge.

Eisenhardt K M. 1989. Building theories from case study research. The Academy of Management Review, 14 (4): 532-550.

Fan J, Liang Y T, Tao A J, et al. 2011. Energy policies for sustainable livelihoods and sustainable development of poor areas in China. Energy Policy, 39 (3): 1200-1212.

Fang C L, Lin X Q. 2009. The eco-environmental guarantee for China's urbanization process. Journal of Geographical Sciences, 19 (1): 95-106.

Feagin J, Orum A, Sjoberg G. 1991. A case for case study. Chapel Hill, NC: University of North Carolina Press.

Forster A. 1973. Optimal capital accumulation in a polluted environment. Southern Economic Journal, 39: 544-547.

Fu X L, Balasubramanyam V N. 2003. Township and village enterprises in China. Journal of Development Studies, 39 (4): 27-46.

Goodman D S G. 2004. The campaign to "Open up the West": national, provincial-level and local perspectives. The China Quarterly, 178: 317-334.

Granovetter M. 1973. The strength of weak ties. American Jornal of Sociology, 78 (6): 1360-1380.

Grosjean P, Kontoleon A. 2009. How sustainable are sustainable development programs? The case of the Sloping Land Conversion Program in China. World Development, 37 (1): 268-285.

Grossman M, Krueger A B. 1991. Environmental impacts of the North American Free Trade Agreement. NBER. Working Paper 3914.

Guo H J, Liu X J, Zhang Y, et al. 2010. Significant acidification in major Chinese croplands. Science, 327 (5968): 1008-1010.

He G Z, Zhang L, Mol A P, et al. 2013. Revising China's environmental law. Science, 341 (6142): 133.

Horvath A. 2004. Construction materials and the environment. Annual Review of Environment and Resources, 29: 181-204.

Huang J K, Rozelle S, Rosegrant M. 1999. China's food economy to the 21st Century: supply, demand and trade. Economic Development and Cultural Change, 47 (4): 737-766.

Huang J K, Wang X B, Zhi H Y, et al. 2011. Subsidies and distortions in China's agriculture: evidence from producer-level data. Australian Journal of Agricultural and Resource Economics, 55 (1): 53-71.

Huang Q H, Li M C, Chen Z J, et al. 2011. Land consolidation: an approach for sustainable development in rural China. AMBIO, 39 (1): 93-95.

Ilbery B, Bowler I. 1998. From agricultural productivism to post-productivism. In: Ilbery B. The Geography of Rural Change. London: Longman: 57-84.

Jia S F, Lin S J, Lv A F. 2010. Will China's water shortage shake the world's food security? Water International, 35 (1), 6-17.

Kennedy J J. 2007. From the tax-for-tee reform to the abolition of agricultural taxes: the impact on township governments in north-west China. The China Quarterly, 189: 43-59.

Kwieciński A, van Tongeren F. 2007. Quantitative evaluation of a decade of agricultural policies in China: 1995-2005, Contributed Paper, International Agriculture Trade Research Consortium Symposium, Beijing.

Lakshmanan TR. 1982. A systems model of rural development. World Development, 10 (10): 885-898.

Leeuwis C. 2000. Reconceptualizing participation for sustainable rural development: towards a negotiation approach. Development and Change, 31 (5): 931-959.

Li X B, Wang X H. 2003. Changes in agricultural land use in China: 1981-2000. Asian Geographer, 22 (1-2): 27-42.

Li Y R, Liu Y S, Long H L, et al. 2013. Local responses to macro development policies and their effects on rural system in mountainous regions: The case of Shuanghe Village in Sichuan Province. Journal of Mountain Science, 10 (4): 588-608.

Li Y R, Long H L, Liu Y S. 2010. Industrial development and land use/cover change and their effects on local environment: a case study of Changshu, eastern coastal China. Frontiers of Environmental Science & Engineering in China, 4 (4): 438-448.

Li Y R, Long H L, Liu Y S. 2015. Spatio-temporal pattern of China's rural development: A rurality index perspective. Journal of Rural Studies, 38: 12-26.

Li Y R, Wei Y H. 2010. The spatial-temporal hierarchy of regional inequality of China. Applied Geography, 30 (3): 303-316.

Lin G C S, Ho S P S. 2003. China's land resources and land-use change: insights from the 1996 land survey. Land Use Policy, 20 (2): 87-107.

Lin G C S. 2010. Understanding land development problems in globalizing China. Eurasian Geography and Economics, 51 (1): 80-103.

Little J, Austin P. 1996. Women and rural idyll. Journal of Rural Studies, 12 (2): 101-111.

Liu H. 2006. Changing regional rural inequality in China 1980-2002. Area, 38 (4), 377-389.

Liu J G, Li S X, Ouyang Z Y, et al. 2008. Ecological and socioeconomic effects of China's policies for ecosystem services. Proceedings of the National Academy of Sciences of the United State of America, 105 (28): 9477-9482.

Liu Y S, Chen Y F, Long H L. 2011. Regional diversity of peasant household response to new countryside construction based on field survey in eastern coastal China. Journal of Geographical Sciences, 21 (5): 869-881.

Liu Y S, Liu Y, Chen Y F, Long H L. 2010a. The process and driving forces of rural hollowing in China under rapid urbanization. Journal of Geographical Sciences, 20 (6): 876-888.

Liu Y S, Wang J Y, Long H L. 2010b. Analysis of arable land loss and its impact on rural sustainability in Southern Jiangsu Province of China. Journal of Environmental Management, 91 (3): 646-653.

Liu Y S, Wang L J, Long H L. 2008. Spatio-temporal analysis of land-use conversion in the eastern coastal China during 1996-2005. Journal of Geographical Sciences, 18 (3): 274-282.

Liu Y S, Yang R., Li YH. 2013. Potential of land consolidation of hollowed villages under different urbanization scenarios in China. Journal of Geographical Sciences, 23 (3): 503-512.

Liu Y S, Zhang F G, Zhang Y W. 2009. Appraisal of typical rural development models during rapid urbanization in the eastern coastal region of China. Journal of Geographical Sciences, 19 (5): 557-567.

Long H L, Li Y R, Liu Y S, et al. 2012. Accelerated restructuring in rural China fueled by "increasing vs. decreasing balance" land-use policy for dealing with hollowed villages. Land Use Policy, 29 (1): 11-22.

Long H L, Liu Y S, Li X B, Chen Y F. 2010. Building new countryside in China: a geographical perspective. Land Use Policy, 27 (2): 457-470.

Long H L, Woods M. 2011. Rural restructuring under globalization in eastern coastal China: what can be learned from Wales? Journal of Rural and Community Development, 6 (1): 70-94.

Long H L, Zou J, Pykett J, et al. 2011. Analysis of rural transformation development in China since the turn of the new millennium. Applied Geography, 31 (3): 1094-1105.

Long H L. 2014. Land consolidation: An indispensable way of spatial restructuring in rural China. Journal of Geographical Sciences, 24 (2), 211-225.

Lowe P, Murdoch J, Ward N. 1995. Networks in rural development: Beyond exogenous and endogenous models. In: van der Ploeg J D, van Dijk G. Beyond Modernization: The Impact of Endogenous Rural Development. Assen: Van Gorcum: 87-105.

Ma B B, Lu C X, Zhang L. 2010. The temporal and spatial patterns and potential evaluation of China's energy resources development. Journal of Geographical Sciences, 20 (3): 347-356.

Ma L J C, Fan M. 1994. Urbanization from below: the growth of towns in Jiangsu, China. Urban Studies, 31 (10): 1625-1645.

MacBean A I. 2007. China's environment: problems and policies. The World Economy, 30 (2): 292-307.

MacDonald D, Crabtree J R, Wiesinger G, et al. 2000. Agricultural abandonment in mountain areas of Europe: environmental consequences and policy response. Journal of Environmental Management, 59 (1): 47-69.

Mansuri G, Rao V. 2004. Community- based and - driven development: a critical review. The World Bank Research Observer, 19 (1): 1-39.

Marsden T. 2010. Mobilizing the regional eco- economy: evolving webs of agri- food and rural development in the UK. Cambridge Journal of Regions, Economy and Society, 3 (2): 225 -244.

Mason R J. 2008. Collaborative land use management: The quieter revolution in place- based planning. Lanham, MD.

McGreevy S R. 2012. Lost in translation: incomer organic farmers, local knowledge, and the revitalization of upland Japanese hamlets. Agriculture and Human Values, 29 (3): 393-412.

McNally C A. 2004. Sichuan: Driving capitalist development westward. The China Quarterly, 178: 426-447.

Midmore P, Langstaff L, Lowman S, et al. 2008. Qualitative evaluation of European rural development policy: Evidence from comparative case studies. 12th Congress of the European Association of Agricultural Economics - EAAE 2008, Ghent, Belgium.

Midmore P, Partridge M D, Olfert M R, et al. 2010. The evaluation of rural development policy: macro and micro perspectives. EuroChoices, 9 (1): 24-28.

Miranda D, Crecente R, Alvarez M F. 2006. Land consolidation in inland rural Galicia, N W Spain, since 1950: an example of the formulation and use of questions, criteria and indicators for evaluation of rural development policies. Land Use Policy, 23 (4): 511-520.

Murdoch J. 2000. Networks: a new paradigm of rural development? Journal of Rural Studies, 16 (4): 407-419.

Murray M, Dunn L. 1995. Capacity building for rural development in the United States. Journal of Rural Studies, 11 (1): 89-97.

Natsuda K, Igusa K, Wiboonpongse A, et al. 2012. One Village One Product - rural development strategy in Asia: the case of OTOP in Thailand. Canadian Journal of Development Studies, 33 (3): 369-385.

Nel E, Binns T, Bek D. 2007. 'Alternative foods' and community- based development: Rooibos tea production in South Africa's West Coast Mountains. Applied Geography, 27 (2): 112-129.

Odum H T. 1996. Environmental Accounting: Emergy and Environmental Decision Making. New York: John Wiley and Sons.

OECD. 2002. Indicators to Measure Decoupling of Environmental Pressure from Economic

Growth. Paris: OECD.

OECD. 2003. The Future of Rural Policy: From Sectoral to Place-based Policies in Rural Areas. OECD.

OECD. 2005. Place-based Policies for Rural Development: Provinces of Arezzo and Grosseto, Tuscany, Italy. OECD.

Oi J C. 1995. The role of the local state in China's transitional economy. The China Quarterly, 144: 1132-1150.

Olfert M R, Partridge M D. 2010. Best practices in twenty- first- century rural development and policy. Growth and Change, 41 (2): 147-164.

Palmer E. 1988. Planned relocation of severely depopulated rural settlements: A case study from Japan. Journal of Rural Studies, 4 (1), 21-34.

Parker G. 2002. Citizenship, Contingency and the Countryside: Rights, Culture, Land and the Environment. London: Routledge.

Partridge M D, Rickman D S. 2006. The Geography of American Poverty: Is There a Need for Place-Based Policies? . Kalamazoo, MI: W. E. Upjohn Institute for Employment Research.

Pašakarnis G, Maliene V. 2010. Towards sustainable rural development in Central and Eastern Europe: applying land consolidation. Land Use Policy, 27 (2): 545-549.

Pasakarnis G, Morley D, Maliene V. 2013. Rural development and challenges establishing sustainable land use in Eastern Europeancountries. Land Use Policy, 30 (1), 703-710.

Pezzini M. 2001. Rural policy lessons from OECD countries. International Regional Science Review, 24 (1): 134-145.

Phuthego T C, Chanda R. 2004. Traditional ecological knowledge and community- based natural resource management: lessons from a Botswana wildlife management area. Applied Geography, 24 (1): 57-76.

Psaltopoulos D, Thomson KJ, Efstratoglou S, et al. 2004. Regional social accounting matrices for structural policy analysis in lagging EU. European Review of Agricultural Economics, 31 (2): 149 -178.

Randolph J. 2004. Environmental Land Use Planning and Management. Island Press, Washington, D. C.

Ravallion M, Wodon Q T. 1999. Poor areas, or only poor people? Journal of Regional Science, 39 (4): 689-711.

Ray C. 1998. Culture, intellectual property and territorial rural development. Sociologia Ruralis, 38 (1): 3-20.

Rees W E. 1992. Ecological footprints and appropriated carrying capacity: what urban economics leaves out? Environment and Urbanization, 4 (2): 121-130.

Rozelle S, Boisvert R N. 1995. Control in a dynamic village economy: the reforms and unbalanced development in China's rural economy. Journal of Development Economics, 46 (2): 233-252.

Ryser L, Halseth G. 2010. Rural economic development: a review of the literature from industrialized economies. Geography Compass, 4 (6): 510-531.

Sachs J D, Warner A M. 1995. Natural resource abundance and economic growth. NBER Working

Paper, No. 5398.

Sargeson S. 2002. Subduing "the rural house- building craze": attitudes towards housing construction and land use controls in four Zhejiang villages. The China Quarterly, 172: 927-955.

Sato H. 2010. Growth of Villages in China, 1990- 2002. Frontiers of Economics in China, 5 (1): 135-149.

Shen L, Liu L T, Yao Z J. 2010. Development potentials and policy options of biomass in China. Environmental Management, 46 (4): 539-554.

Shen X P, Ma L J C. 2005. Privatization of rural industry and de facto urbanization from below in southern Jiangsu, China. Geoforum, 36 (6): 761-777.

Siciliano G. 2012. Urbanization strategies, rural development and land use changes in China: A multiple-level integrated assessment. Land Use Policy, 29 (1): 165-178.

Sillince J A. A. 1986. Why did warwickshire key settlement policy change in 1982? An assessment of the political implications of cuts in rural services. The Geographical Journal, 152 (2): 176-192.

Slee B. 1994. Theoretical aspects of the study of endogenous development. In: van der Ploeg J D, Long A. Born from Within: Practice and Perspectives of Endogenous Rural Development. Van Gorcum, Assen: 184-194.

Stead D R. 2011. Economic change in South-West Ireland, 1960-2009. Rural History-Economy Society Culture, 22 (1): 115-146.

Stiglitz J. 1974. Growth with exhaustible natural resources: efficient and optimal growth paths. Review of Economic Studies, 41: 123-1371.

Sun H, Liu Y S, Xu K S. 2011. Hollow villages and rural restructuring in major rural regions of China: a case study of Yucheng City, Shandong Province. Chinese Geographical Science, 21 (3): 354-363.

Tang Y, Mason R J, Sun P. 2012. Interest distribution in the process of coordination of urban and rural construction land in China. Habitat International, 36 (3): 388-395.

Tao R, Xu Z G. 2007. Urbanization, rural land system and social security for migrants in China. Journal of Development Studies, 43 (7): 1301-1320.

Taylor J E, Adelman I. 1996. Village Economies- The Design, Estimation, and Use of Village Wide Economic Geography. Cambridge: Cambridge University Press.

Terluin I J, Roza P. 2010. Evaluation methods for rural development policy. Report 2010- 037. April 2010. LEI, part of Wageningen UR. The Hague.

Terluin I J. 2003. Differences in economic development in rural regions of advanced countries: An overview and critical analysis of theories. Journal of Rural Studies, 19 (3): 327-344.

Trac C J, Harrell S, Hinckley T M, et al. 2007. Reforestation programs in southwest China: reported success, observed failure, and the reasons why. Journal of Mountain Science, 4 (4): 275-292.

Uchida E, Xu J T, Rozelle S. 2005. Grain for Green: cost- effectiveness and sustainability of China's Conservation Set-Aside Program. Land Economics, 81 (2): 247-264.

van Assche K, Djanibekov N. 2012. Spatial planning as policy integration: The need for an evolutionary perspective. Lessons from Uzbekistan. Land Use Policy, 29 (1), 179-186.

van der Ploeg J D, Saccomandi V. 1995. On the impact of endogenous development in agriculture. In: van der Ploeg J D, van Dijk G. Eds. , Beyond Modernization: The Impact of Endogenous Rural Development. Assen: Van Gorcum, pp. 10-27.

van der Ploeg J D, Marsden T K. 2008. Unfolding Webs: The Dynamics of Regional Rural Development. Van Gorcum.

van der Ploeg J D, Renting H, Brunori G, et al. 2000. Rural development: from practice and policies to theory. Sociologia Ruralis, 40: 391-408.

Vitikainen A. 2004. An overview of land consolidation in Europe. Nordic Journal of Surveying and Real Estate Research, 1 (1): 25-43.

Vu H N, Otsuka K, Sonobe T. 2010. An inquiry into the development process of village industries: the case of a knitwear cluster in Northern Vietnam. Journal of Development Studies, 46 (2): 312-330.

Vu H N, Sonobe T, Otsuka K. 2009. An inquiry into the transformation process of village-based industrial clusters: the case of an iron andsteel cluster in northern Vietnam. Journal of Comparative Economics, 37 (4): 568-581.

Wackernagel M, Rees W E. 1996. Our Ecological Footprint: Reducing Human Impact on the Earth. Gabriola Island, BC: New Society Publishers.

Walser J, Anderlik J. 2004. The future of banking in America - rural depopulation: what does it mean for the future economic health of rural areas and the community banks that support them? FDIC Banking Review, 16 (3): 57-95.

Wang H, Wang L L, Su F B, et al. 2012. Rural residential properties in China: land use patterns, efficiency and prospects for reform. Habitat International, 36 (2): 201-209.

Wang J, Chen Y Q, Shao X M, et al. 2012. Land-use changes and policy dimension driving forces in China: present, trend and future. Land Use Policy, 29 (4): 737-749.

Wang L L, Wei H K. 2004. Progress of western China development drive, and evaluation of the results. China & World Economy, 12 (2): 20-33.

Wang S N, Yao Y. 2007. Grassroots democracy and local governance: evidence from rural China. World Development, 35 (10): 1635-1649.

Wegren S K. 2006. Rural responses to reform in Post-Soviet countries. The Journal of Peasant Studies, 33 (3), 526-544.

Wei Y H, Ye X. 2009. Beyond convergence: space, scale, and regional inequality in China. Tijdschrift voor Economische en Sociale Geografie, 100 (1): 59-80.

Williams G. 1985. Recent social changes in Mid Wales. Cambria: A Welsh Geographical Review, 12 (2): 117-137.

Wilson G A. 2007. Multifunctional agriculture: a transition theory perspective. CAB International, Wallingford.

Wilson G A. 2001. From productivism to post-productivism . . . . . . and back again? Exploring the (un) changed natural and mental landscapes of European agriculture. Transactions of the Institute of

British Geographers, 26 (1): 77-102.

Woods M. 1998. Researching rural conflicts: hunting, local politics and actor- networks. Journal of Rural Studies, 14 (3): 321-340.

Woods M. 2005. Rural Geography: Processes, Responses and Experiences in Rural Restructuring. London: Sage.

Woods M. 2010. The political economies of place in the emergent global countryside: stories from rural Wales. In: Halseth G, Markey S, Bruce D, The next rural economies: Constructing rural place in a global economy. Wallingford: CABI.

World Bank. 1999. Rural China: Transition and development. World Bank Report, Rural Development and Natural Resources Unit, East Asia and pacific Region. The World Bank, Washington DC.

Xu J Y, Chen L D, Lu Y H, et al. 2007. Sustainability evaluation of the Grain for Green Project: from local people's responses to ecological effectiveness in Wolong Nature Reserve. Environmental Management, 40 (1): 113-122.

Xu W, Tan K C. 2002. Impact of reform and economic restructuring on rural systems in China: a case study of Yuhang, Zhejiang. Journal of Rural Studies, 18 (1): 65-81.

Yang D Y R, Wang H K. 2008. Dilemmas of local governance under the development zone fever in China: a case study of the Suzhou region. Urban Studies, 45 (5-6): 1037-1054.

Yang M Y, Hens L, Ou X K, et al. 2009. Tourism: an alternative to development? reconsidering farming, tourism, and conservation incentives in northwest Yunnan mountain communities. Mountain Research and Development, 29 (1): 75-81.

Yeung Y M, Shen J F. 2004. Developing China's west: a critical path to balanced national development. Hong Kong: Chinese University Press.

Yılmaz B, Daşdemir İ, Atmış E, et al. 2010. Factors affecting rural development in turkey: Bartın case study. Forest Policy and Economics, 12 (4): 239-249.

Yin P H, Fang X Q, Tian Q, et al. 2006. The changing regional distribution of grain production in China in the 21st century. Journal of Geographical Sciences, 16 (4): 396-404.

Yin R K. 1994. Case Study Research. Sage, Thousand Oaks, CA.

Ying L G. 2003. Understanding China's recent growth experience: a spatial econometric perspective. Annals of Regional Science, 37 (4): 613-628.

Yu W S, Jensen H G. 2010. China's agricultural policy transition: impacts of recent reforms and future scenarios. Journal of Agricultural Economics, 61 (2): 343-368.

Zheng Y H, Li Z F, Feng S F, et al. 2010. Biomass energy utilization in rural areas may contribute to alleviating energy crisis and global warming: a case study in a typical agro-village of Shandong, China. Renewable and Sustainable Energy Reviews, 14 (9): 3132-3139.

Zhou L B, Liu K B. 2008. Community tourism as practiced in the mountainous Qiang region of Sichuan Province, China: a case study in Zhenghe Village. Journal of Mountain Science, 5 (2): 140-156.

Zhuang D F, Jiang D, Liu L, et al. 2011. Assessment of bioenergy potential on marginal land in China. Renewable and Sustainable Energy Reviews, 15: 1050-1056.

编 后 记

  《博士后文库》（以下简称《文库》）是汇集自然科学领域博士后研究人员优秀学术成果的系列丛书。《文库》致力于打造专属于博士后学术创新的旗舰品牌，营造博士后百花齐放的学术氛围，提升博士后优秀成果的学术和社会影响力。

  《文库》出版资助工作开展以来，得到了全国博士后管委会办公室、中国博士后科学基金会、中国科学院、科学出版社等有关单位领导的大力支持，众多热心博士后事业的专家学者给予积极的建议，工作人员做了大量艰苦细致的工作。在此，我们一并表示感谢！

《博士后文库》编委会